The Success
Principles for Teens

杰出青少年的
20个成功法则

[美] 杰克·坎菲尔德 Jack Canfield　肯特·希利 Kent Healy ◇著

朱菲菲◇译

华夏出版社
HUAXIA PUBLISHING HOUSE

图书在版编目（CIP）数据

杰出青少年的 20 个成功法则 /（美）杰克·坎菲尔德（Jack Canfield），（美）肯特·希利（Kent Healy）著；朱菲菲译 .—— 北京：华夏出版社有限公司，2023.1

书名原文 : The Success Principles for Teens: How to Get From Where You Are to Where You Want to Be

ISBN 978-7-5222-0383-6

Ⅰ.①杰… Ⅱ.①杰…②肯…③朱… Ⅲ.①成功心理 – 青少年读物 Ⅳ.① B848.4–49

中国版本图书馆 CIP 数据核字（2022）第 196052 号

杰出青少年的 20 个成功法则

著　者	［美］杰克·坎菲尔德　［美］肯特·希利
译　者	朱菲菲
策划编辑	王凤梅　卢莎莎
责任编辑	王凤梅　卢莎莎
责任印制	刘　洋
出版发行	华夏出版社有限公司
经　销	新华书店
印　刷	三河市万龙印装有限公司
装　订	三河市万龙印装有限公司
版　次	2023 年 1 月北京第 1 版　　2023 年 1 月北京第 1 次印刷
开　本	710×1000　1/16 开
印　张	22.75
字　数	295 千字
定　价	69.80 元

华夏出版社有限公司　网址：www.hxph.com.cn　电话：（010）64663331（转）

地址：北京市东直门外香河园北里 4 号　邮编：100028

若发现本版图书有印装质量问题，请与我社营销中心联系调换。

目 录

如果我们**竭尽所能，**

一定会让自己**惊喜不已。**

——托马斯·爱迪生
发明家、商人

鸣　谢

本书能成功出版要归功于许多人，他们曾帮助我们在生活中获得成功。这本书是杰出团队集体努力的结果。我们要衷心地感谢家人，感谢他们分享了爱、热情、见解与支持。

杰克的家人：英格、特拉维斯、莱利、克里斯托弗、奥兰和凯尔。

肯特的家人：道格、尼娜和凯尔。

感谢我们的出版商和朋友——皮特·威格思，谢谢他一直以来的支持和远见，使本书得以成为现实。

感谢帕蒂·奥伯里和拉斯·卡莫斯基愿意腾出自己的宝贵时间，给予我们指导和提供创意。

感谢我们的合作作者联络人德莱特·科罗娜，她以谨慎和勤奋的态度无可挑剔地处理了无数的细节，使这本书成为可能。

感谢我们在健康交流公司的编辑米歇尔·马特里夏尼、卡罗尔·罗森伯格、安德里亚·戈尔德、艾莉森·詹斯和凯瑟琳·圣堡，谢谢他们对本书的卓越奉献。

感谢洛里·戈登、凯利·马拉格尼、肖恩·盖里、帕特里夏·麦康奈尔、金·魏斯、保拉·费尔南德斯·拉纳、克里斯蒂娜·赞布拉诺和贾龙·亨特，谢谢他们为本书所做的一切工作。

感谢汤姆·桑德、克劳德·乔奎特和吕克·朱特拉斯，他们年复一年地把我们的书翻译成36种语言，传播到世界各地。

感谢"酷"媒体办公室的利兹·乔治和简·汤普森，谢谢他们一直以来的支持，谢谢他们愿意辛勤工作并坚持到工作完成。

感谢保罗·康姆斯令人难以置信的艺术能力。他那富含创意和幽默的插图使这本书更具吸引力和感染力。

感谢布莱恩·本格尔斯多夫为本书设计的创意版面，帮我们打造了一本独特的书，在视觉上给人以激励和享受。

感谢莎伦·麦克皮克，谢谢你用敏锐的眼光和前卫的设计使本书的封面在众多书中脱颖而出。

感谢蒂芙尼·乔治对本书信息的开放和支持。谢谢她允许我们与她的学生紧密合作，他们都提供了非常有价值的反馈。

感谢我们令人难以置信的读者小组，谢谢他们提供反馈、个人经验和见解，帮助我们把这本书做到最好：莫妮娅·阿克特、亚历克斯·阿彭特、维多利亚·贝克、卡拉·布伦塔赫、布列塔尼·博格德、凯迪丝·布坎南、卡拉·伯恩、凯利·克伦德农、爱丽丝·克利福德、乔什·戴维斯、奥黛丽·伊根、罗伯·恩格尔、布莱安娜·吉本斯、乔安·海因、玛丽·埃尔南德斯、特里萨·哈金斯、海利·胡克尔、南希·赫塔多、基米亚·卡尔巴希、比塔·哈勒吉、雷切尔·克莱默、克里斯特·克雷塞尔、亚历山德拉·兰福、丹娜·罗、阿曼多·洛佩斯、克里斯托尔·克莱尔·麦克劳克兰、麦德林、雅各布·米勒、海梅·努涅斯、贾妮尔·奥玛拉、阿什利·奥尔蒂斯、凯尔西·雷梅斯、曼迪·理查德森、凯利·西姆斯、妮可·范德弗和丽莎·瓦达。

向每一位提交故事的人表示深深的感谢。谢谢大家让我们了解你们的生活，并与我们分享你们的经历。对于那些故事没有被选中出版的人，希望你们即将读到的故事同样能够传达你们的心声。

肯特要感谢杰克：谢谢您一直以来的激励、支持与关爱。能与您一起创作这本书，我感到非常荣幸。您的知识深度和对人的爱让我深感尊重、钦佩。感恩能成为您生活的一部分，感恩我们一起工作，帮助他人改善生活。

引 言

如果你以前也想过青少年成功法则这个话题，那么我们已经有了共同点。但在你放下这本书之前，我们想告诉你一件事：

这并**不是**一本**"好主意"**合集。

这本书不会告诉你该如何生活。远非如此，它讲述的是我们称之为永恒的"成功的要素"。就像你最喜欢的菜有菜谱一样，成就也有配方。我们不知道你会是什么感觉，但我们要是坐在最喜欢的椅子上读一整本食谱，那我们肯定不会感觉太舒服……可如果是成功的食谱呢？我们会一口吞掉它的！

怎么会有成功的食谱呢？嗯，成功人士的生活方式都有非常具体的趋势、模式以及相似性。他们养成了非常相似的技能和习惯，我们都可以从中学习（"成功的要素"）。

你是否想过为什么有些人既幸福又有钱，精力充沛还受人尊重，而且能有几个知心密友？他们是否天生具有额外的天赋和能力？有些人认为是的，但我们并不认同。相反，我们发现：

我们一开始也没有创造理想生活所需的技能，所以只能在生活中边摸索边学习。然而，我们可以学习并应用那些已经取得杰出成就的人的"成功秘诀"，以

成功不是天生的，而是后天造就的。

此来加快自己的旅程。

你说得很好，但这并不适合我。**我不一样。**

我的处境与众不同。

要是我们每次听到这句话都能得到一毛钱就好了！实际上我们曾经也有过同样的想法。"别人的生活怎么可能与我的相似？"还有："别人怎么会知道我面临的挑战，怎么会知道我需要做什么来扭转生活？"

你是对的，我们每个人面临的情况都是独一无二的，也都有自己对成功的定义。但我们从现在所处的位置到达理想位置所需要的工具是通用的。

你的独特目标是什么并不重要。也许你想在即将到来的考试中考取高分，在学校获得全优成绩，成为著名的摇滚明星、世界级的运动员、千万富翁、成功的企业家，甚至成为总统。如果你学会了成功的法则——尤其是在青少年时期——并且每天练习使用，你将改变自己的命运。

请记住，你现在所面临的挑战对你未来的影响，远不及你如何应对挑战以及为改变现状你如何做来得大。顺便说一句，谁不想改善自己的生活，使之更加有趣？我们都希望拥有更多的快乐、金钱、自由、自信、友谊，等等。问题是，"怎么做？"别担心，我们已经为你准备好了。本书将带你结识使用过这些成功法则的非凡人物。他们的故事会让我们看到：

❋ 一位六十三岁的老妇如何抬起一辆两千磅的汽车来救她的孙子。

❋ 企业家哈兰·桑德斯上校如何克服了困难，创办了国际餐饮巨头肯德基。

❋ 弗里姆·费里斯如何在刚刚接触散打项目六个星期后就获得了全国冠军。

※ 演员金·凯瑞如何给自己开了一张支票，从此改变了生活。

※ 世界著名画家罗伯特·维兰如何从穷困的艺术家变成了千万富翁。

※ 查德·佩格拉克如何利用"请求的力量"为疏浚密西西比河筹集了 250 万美元。

※ 体操运动员彼得·维德玛如何利用其中一条成功法则在奥运会上获得了金牌。

※ 约翰·阿萨拉夫如何从最初的街头流浪儿成长为经营一家特许经营公司，收入超过 30 亿美元的成功人士。

这些故事以及其他许多类似的故事将激励你遵循本书的法则，让你能够：

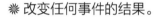

如果你**有效运用**这些法则，这些法则**就会有效**。

※ 改变任何事件的结果。

※ 打破恐惧，建立自信。

※ 主动要求并获得你想要的一切。

※ 设定赋能目标，为生活注入活力。

※ 与能激励自己成功的朋友和导师为伍。

※ 拒绝被拒绝，坚持不懈，直到成功。

※ 采纳反馈意见，更快、更进一步地提升自己。

※ 超越期望，取得优异成绩。

而这仅仅是个开始……

你可能在想："是啊，说起来容易做起来难。"你说得对。但这正是我们写这本书的原因。我们想给你找一个借口，让你花点时间来设

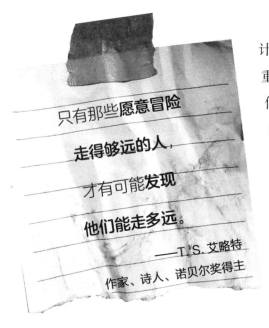

只有那些**愿意冒险**

走得够远的人，

才有可能**发现**

他们能走多远。

——T. S. 艾略特

作家、诗人、诺贝尔奖得主

计一下自己的生活，强化你最重要的资产——**你自己**。我们知道当今的生活有多么疯狂。你有许多的需求、期望、干扰和压力要处理，比如标准化考试、SAT 考试、没完没了的互联网网页、体育训练、工作、电子游戏、遛狗、课外活动、志愿服务等，不一而足。

但这些也同样非常令人兴奋，因为你们比历史上任何一代人都更有机会！如果能掌握正确的工具，从现在就开始，谁知道明年、五年后、十年或二十年后你能取得什么成就？真的有无穷无尽的可能！

"你"这个因素

 每位体验过这些法则所带来的回报的人首先必须理解这个概念：

俗话已经说得再好不过了：在生活中，为了得到回报，有一些事情我们必须做。要想从这本书中获得最大的价值，你必须亲自使用这些法则。没有人可

> 一个人**无法雇别人替**自己做俯卧撑。
>
> ——吉姆·罗恩
> 白手起家的百万富翁
> 成功学教练、哲学家

以为你做这些事情。无论是锻炼、阅读、学习、设定目标、想象你的成功，还是练习新技能，你都得自己做。我们会给你菜谱，但这顿饭你得自己做。我们会教你法则，但这些法则得你自己应用。如果你选择努力，我

们保证你会得到非常值得的回报。这就是我们对你的承诺。现在轮到你了，与自己达成协议并承诺贯彻执行，根据在本书中学习到的内容采取行动。我们期待与你一起走过这段旅程。

——你的成功伙伴们

是时候开始你想要的生活了。

——亨利·詹姆斯
作家

肯特·希利是谁？

以下为肯特自述：

我高中换过四所学校，住过十二所房子，在八个城市和两个大洲生活过（是的，我们经常搬家）。青少年时期的我在学校里一直比较痛苦。我是那种能排进前 50% 的学生。但因为在学业上低于平均水平，我就觉得自己在其他方面也好不到哪里去。许多老师跟我说："肯特，就你的能力而言，你做得很好了。"他们说得好像也没什么不对。

然而一位老师证明我错了。"肯特，你在做什么？"他说，"以你的能力，你绝对可以做得更好。"听他这么说，我惊讶得下巴都要掉到地上了。什么？谁？我吗？

就这样，我遇到了人生中第一位能看到我内在潜力的老师。他在我身上所看到的比我自己看到的还要多。老师跟我分享了各种策略和技巧。但最重要的是，他教会我要承担责任。如果我不做作业，他第二天就会来找我。果然，我的成绩单上第一次出现了优秀。

我慢慢有了信心。大约在这个时候，我和哥哥合伙创办了一个叫"反应堆"的企业。我们制作潜水冲浪板、滑板、帽子、衬衫等。有一段时间生意非常好。后来公司迅速发展，超出了我们能控制的范围。现实世界没有皆大欢喜的结局，最终"反应堆"倒闭了。

"这怎么会发生在我身上？"我对自己说，"好不容易提高了学习成绩，生意怎么会失败呢？"

十七岁的我意识到，人生中有些关键的基本法则学校是不会教的。那我应该到哪里去获取这些知识呢？我问自己："是什么把那些过着平凡生活和非凡生活的人区分开来的？能让一个人成功的又是什么？"

在研究这些问题时，我读到了杰克·坎菲尔德的书。我发现他竟然是大获成功的"心灵鸡汤"系列丛书合著者之一，敬佩之情油然而生。我设定了一个目标："我要见到这位了不起的杰克·坎菲尔德。"

我继续寻找如何在现实世界中取得成功的答案，并把学到的一切应用到实际中。我发现自己在生活其他方面的表现也有所提高。简直让人不敢相信！事实上，这个变化实在太大了，我和哥哥很快认识到这是一个新的机会：我们应该用自己的视角、经历和生活教训来写自己的书。

对于写书这件事我们两人连做梦都没想过。但我们想分享自己所学到的东西，让其他人也能受益。懵懂无知的我们完全不知道自己要面临什么问题。

起初我们很害怕。"我们真的能做到吗？""如果没有人喜欢看怎么办？""如果我们失败了呢？""如果……如果……如果……"但就在这个时候，我和哥哥在当地一个企业家会上见到了杰克·坎菲尔德。我们说出了自己的想法与担忧，他并没有嘲笑我们。相反，他给我们提供了许多支持、鼓励以及实现目标所需的洞察力。有了杰克的支持，我们十几岁就写了人生的第一本书：《学校里应该教的"酷东西"》。自从出版以来，这本书对全世界读者也产生了一定影响，我们真的备感欣慰。

现在的我二十三岁，更成熟了，也能够做一些曾经从未想过的事情：在全国各地参加各种电视和广播节目；给任何年龄段和背景的观众做演讲；为报纸写专栏；给杂志撰稿；培训教师；与世界上一些最受尊敬的人合作。

但我并不是什么了不起的人。就像我刚才说的，我并不是天生就有什么超常的能力。我只是一个普通人，就像你一样。我想要的就是让我的梦想成为现实，并在这个过程中获得乐趣，我相信你也是如此。

我唯一的优势在于找到了成功的工具，并将其应用于实践。现在我与杰克合作，把这些工具传给你，这样你也能获得同样的"生活优势"，做不可思议的事情。如果你掌握了正确的信息，加以利用并采取行动，那么在短短几年内，你的身上就能发生令人惊奇的事情，这绝对是不可思议的。

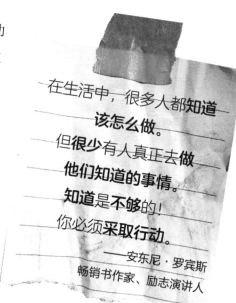

在生活中，很多人都知道该怎么做。
但很少有人真正去做他们知道的事情。
知道是不够的！
你必须采取行动。

——安东尼·罗宾斯
畅销书作家、励志演讲人

杰克·坎菲尔德是谁?

以下为杰克自述:

当我和我的朋友马克·维克多·汉森提出要写一个全新系列的书时,人们认为我们有点神经不正常。他们对我们说:"这是白日做梦!""肯定行不通。""你们不是认真的吧?"

尽管有这么多的负面反馈,我们还是坚持了下来。第一份手稿完成后,一百四十多家出版商都拒绝了它。我们想,"也许大家是对的"。当一切看似没有什么希望时,我们又试了一次,结果成功了。

一个出版商决定接下这本书,这标志着"心灵鸡汤"系列的开始。迄今为止,我们的书已经被翻译成47种不同的语言,在世界各地销售了1.1亿多册,其中有七本书登上了《纽约时报》的畅销书榜,我们也因此一直保持着吉尼斯世界图书纪录。

> **当普通人**决定做
> **不普通的事**,
> 他们会**改变**自己和周围人的**人生**。
>
> ——奥普拉·温弗瑞
> 艾美奖得主,电视史上收视率最高的谈话节目《奥普拉·温弗瑞秀》主持人

我也有机会出现在美国每一个主要的脱口秀节目上(从《奥普拉·温弗瑞秀》到《早安美国》),每年获得数百万美元的净收入,在世

界各地发表演讲，撰写每周读者百万的报纸专栏，到异国他乡度假，拥有超乎寻常的人际关系，享受着幸福人生。

我说这些不是为了吹嘘，而是想让你知道一切皆有可能。我所说的都是我的个人经历，我在来到这个世界时也没有任何特权。我在西弗吉尼亚州的惠灵市长大。父亲没日没夜、加班加点地工作，一年到头也只有八千美元收入。我的父亲是个工作狂，而母亲是个酒鬼。

大学期间，我还面临许多其他挑战。我在当地的游泳池做救生员，赚钱支付书本、衣服和约会的费用。捉襟见肘时我就吃那种"二十一美分的晚餐"，就是一袋十一美分的意大利面条，加一点番茄酱和一些大蒜盐。

如你所见，那时我的生活绝对和成功扯不上任何关系。我更关心的是如何度过每一天，而不是追寻自己的梦想。

然而研究生毕业几年后，情况有了一些变化。我的老板克莱门特·斯通很快成了我的导师。他跟我分享了成功的基本要素，而这些要素我直到今天仍在使用——正是这些法则让我能够享受现在的生活方式。

我曾与来自全球三十多个国家的一百多万人合作，见证了一些惊人的转变。他们有的克服了一生的恐惧症；有的破产后又成了千万富翁；有的曾经迷失、沮丧，但却发现了自己的激情所在，影响了成千上万的人。这是一个神奇的旅程，但我最强烈的愿望是帮助青少年。我亲眼看到过像你这样的年轻人有能力做什么。你所需要的只是正确的信息和支持，这样你就能发挥自己的全部潜力。

最初写下《成功法则》时，我想把改变自己人生的方法分享给大家。但唯一的问题是那本书是为同龄人准备的，不是专为青少年设计的。我需要一位懂青少年，并能把青少年视为同龄人的人一起合作。这就是我邀请肯特和我一起做这件事的原因。他很了解你们这一代人，而且他更了解成功需要什么。

无论你现在面临什么挑战，或者你的梦想看起来有多么遥远，有一些法则如果你能运用起来，就会永远改变你的生活。肯特和我想通过这本书给大家提供实现成功的基本做法。我们希望你喜欢看这本书，就像我们在写这本书时享受到乐趣一样。

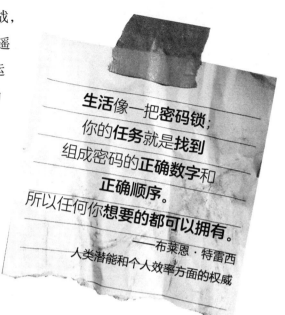

生活像一把密码锁；你的任务就是找到组成密码的正确数字和正确顺序。所以任何你想要的都可以拥有。

——布莱恩·特雷西
人类潜能和个人效率方面的权威

法则 1

对自己的生活百分百负责

人必须对自己负责。我们改变不了周遭环境、四季变换，或是风霜雨雪，但我们可以改变自己。

——吉姆·罗恩
白手起家的百万富翁、成功学教练、哲学家

有一种观念深入人心，像严重的流感一样到处传播，感染着无辜的人，限制了他们的潜能。这是什么呢？就是：我们理所应当被赋予美好生活。这种想法是怎么来的呢？很多人都认为，在某个地方，有人（当然不是我们）负责给我们的生活带来持续幸福、令人兴奋的职业选择、娱乐、金钱、美妙的人际关系，因为……嗯……我们都来到这个世界了，这还不够吗？这不是应该的吗？我们当然希望是这样！

如果你正在读这本书，就应该知道答案是否定的。不幸的是，生活不是这样的。那些希望自己获得更好生活的人和已经拥有更好生活的人有什么差别呢？他们身上有一个因素起了决定性的作用。这个因素也是本书要讨论的根本问题，那就是：

唯一能为你生活质量负责的人是——你自己。

⑴.⑴ 直白的事实

如果你想要成功，早点退休，赢得别人的尊重，或者只是简单地想享受更多的乐趣，你就得对生活中所做的每一件事、每一次经历负起百分百的责任，比如所取得的成就、人际关系、情绪好坏、校内外表现、健康状况等等——是的，所有的事！

虽然这么说，但我还是得先明确一点：做到这一点并不容易。

事实上，我们大多数人在生活中遇到不顺心的事、不喜欢的人时，总是习惯于责怪外界。我们埋怨父母、老师、朋友、音乐电视节目、天气，甚至星座！很荒唐是不是？很多人就是这么做的，而且很多时候我们并没有意识到。其实，我们所面临的真正的问题或挑战与"外部世界"并无多大关系，问题的根源就是我们自己，而我们却不敢正视。

的确，每个人都会遇到自己掌控不了、不知所措的时候，但承担责任意味着我们不能陷于问题无法自拔，或者对问题视而不见，又或者抱怨，指责他人或外因而为自己开脱。相反，我们要控制自己的思想、行为，尽自己所能来改善现状。

诚然，生活中的挑战有大有小，各式各样。但我们总可以做点什么来改变目前的处境。就算还没找到什么新的解决办法，也必须先相信这一点。

不管一个人是功成名就还是挣扎在生活边缘，其生活质量的好坏取决于他们的想法、行动和信念。说到这里你发现什么了吗？ 这三点都与我们自身相关——而不是和所谓的老师、天气或外部环境相关。事实是，成功始于某个人，**而那个人就是你自己。**

(1.2) 初见杰克

内森，18岁（印第安纳州，印第安纳波利斯）：和杰克·坎菲尔德相识是因为我当时出了一点小状况，虽然不是什么好事，但回首过去，我很高兴我们有过交集。

那天杰克在学校和其他老师一起工作。听到我和一位老师在教工休息室外争吵，他离开会场，走到我面前，让我解释一下缘由。我大声告诉他自己刚刚被棒球队停赛了，这不公平。他们不能这样对我。至少现在不行！

"什么不公平？为什么现在不行呢？"杰克问。

我说："下星期我们就要去参加州锦标赛了，各个大学校队的球探也会来，如果他们看到我投球，我就能获得大学的奖学金。没有棒球奖学金，我上不起大学。这是我唯一的机会。不能这样对我！"

我本以为杰克会同情我，但他却说："我问你个问题。"

"嗯。"

"你是什么时候开始意识到学校不公平的？真的……实话实说。"

"上小学的时候。"我告诉他。

"好，那你为什么还表现得好像你不知道学校不公平似的？每个老师都有不同的规则。有些老师执行某些规则，而不执行其他规则。有时好孩子也会运气不佳，而不遵守规则的孩子也会不受惩罚。不是吗？"杰克问。

"是的。"

"所以这不是学校是否公平的问题。真正的问题是你做了什么让自己被停赛？我想他们肯定不会毫无缘由随便就把你挑了出来。那你是怎么造成这种局面——让自己被停赛了的？"

"我迟到了。"

"就一次？"

"不，有几次。"

"多少次？"

"我不确定。大概六七次吧。"

杰克转向正看着我们谈话的校长，问道："学校是怎么规定的？在没有正当理由的情况下，迟到几次会被球队停赛？"

"三次。"校长说。

杰克转过身来问我："你知道这条规定吗？"

"知道。"

"那你为什么违规，还违规那么多次？"

"嗯，第三次之后，我看没什么事，就以为停赛这事他们也许并不是认真的。"

杰克转身对校长说："所以这就是学校不对的地方。学校没有坚持执行规定，让他误以为这里没有规定。这也是为什么他说不公平。"

然后杰克又对我说："但这并不是说你就可以免于责罚。知道规则，却选择无视它。到底什么事比打棒球和获得大学奖学金更重要呢？"

我直视着杰克的眼睛说："没有什么比打棒球更重要了。这是我生命中最重要的事情。"

杰克回答说："不是真的。"

你可以想象，听他这么说我很生气。他继续说道："你做的事肯定比准时去学校打棒球更重要。什么事呢？"

这个问题躲不开了。我想了一会儿说："你是说睡过头？"

"我不知道，你来告诉我。"杰克回答。

"就是睡过头了。"

"对你来说，睡懒觉真的比打棒球更重要吗？"

"没有，不可能！"

"那你为什么不按时起来？"

"嗯，闹钟一响，我就按一下打盹按钮再睡会儿，有时候不止按一次，然后我就迟到了。"

我们谈了一会儿，杰克说服校长再给我一次机会，因为我已经意识到问题所在，也能为自己的事负责了。我们约定如果再迟到一次，就直接给我停赛，没有任何上诉的权利和机会。

当然，还有一个问题要解决。我得想办法确保自己能按时起床。按掉闹钟打个盹是不可能再有了。我们集思广益想了几招。首先，我得把闹钟放在房间的另一边，这样我就得下床关掉它。其次，如果到点了我还没起床，就得付给我妈一美元，让她把冰水倒在我身上。我知道我妈妈会很愿意这么做的！

从那以后我再也没迟到过。杰克让我意识到百分百负责是什么意思。那个赛季剩余的日子过得比较顺利，教练也说我的态度转变了。后来我的确获得了棒球奖学金，如今正在一所大学读书。自己掌控人生，变梦想为现实的感觉真棒！

1.3 向外归因

夜幕降临，城市昏暗起来。路灯下，一个男人正趴在地上找寻着什么东西。一位年轻女子路过，问他在做什么。他解释说丢了一把钥匙，正在拼命地寻找。年轻女士主动提出帮他一起找。

一个小时后，女人带着困惑的语气说："我们都找遍了各个角落，却什么也没找到，你肯定钥匙丢在这儿了吗？"那人回答说："不是在这儿丢的，我在家丢的，但这里灯更亮啊。"

这个例子很好地说明了我们是如何从自身之外寻找问题答案的，因为这比寻找内在的真正原因要容易得多。事实上，我们自己才是问题的根源，这一点必须承认。只有这样，我们才能做出改变。所以无论多难，我们都得直视问题，面对事实。

当然，每个人都希望事情变得"更好"，但如果我们拒绝看到事情的现状，什么改变都不会发生。只有发自内心认可改变，改变才能开始。也许你对当下的生活知足、满意，这当然很好，但是每个成功的人心里都清楚我们始终有提升的空间。

想要成功，想得到那些对你来说最重要的东西，第一步就是为自己的生活百分百负责，否则你就得不到真正想要的东西。

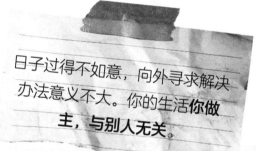

日子过得不如意，向外寻求解决办法意义不大。你的生活你做主，与别人无关。

 借口还是精进？自己选。

百分之九十九的**失败者**惯于为自己**找借口**。

——乔治·华盛顿·卡弗
农业研究员、教育家

承担责任不仅意味着主动承认错误，它还要求我们停止找借口。只要有借口，就不会有积极的结果。想想看：每个借口都像飞机上的弹射按钮。在你按下这个按钮的那一刻，你就已经决定要离开飞机了。随即你朝着一个全新的方向前进，把成功的机会抛在身后。借口可以让我们放弃心理上的偏见，给为什么某事做不成或为什么我们不够好找个借口。但一旦我们这么做了，游戏也就结束了。

肯特：真正成功的人知道即使再好的借口也无济于事。借口无论多么合理都始终是借口。这一点也是几年前我和哥哥在写第一本书的时候认识到的，而这段经历有些不堪回首。那时我们还在学校里，一边上课，一边训练，还想写本书。很多时候我们连作业都没时间、没精力完成，更别说写书了。

有时候会有人问："书写得怎么样了？"我们就实话实说："嗯，最近没什么时间。每天一大早就去训练，然后去学校上课，下午又要训练，等回到家已经筋疲力尽，还有家庭作业，所以我们哪还有时间写书？"

人们似乎已经预料到了我们会这样。每次他们听我们解释完（其实是一个借口），只简单地说："嗯，好吧。"仅此而已。

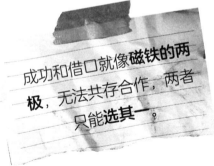

成功和借口就像磁铁的两极，无法共存合作，两者只能选其一。

事实上我们真的很累，也没什么时间，但如果就此认为我们没什么办法改变现状也不是真正为自己生活负全责的态度。百分百负责是说我们应该不断找寻解除目前困境的办法。

从这件事我们明白了，无论你的借口多么真实，人们都不愿意听。所有借口都是在拖我们的后腿，对谁都没好处。我和哥哥能够写完书的唯一方法就是停止找借口，不再抱怨，开始工作。

那么，成功的第一步是什么呢？那就是相信我们有能力让事情变得更好，获得我们真正想要的结果。找借口的原因千奇百怪，但这些原因是什么真的不重要。重要的是从现在开始，我们选择——没错，是选择——对发生（或没发生）在我们身上的每一件事百分百负责。简而言之，我的生活我做主，得有这个决心才行。

很多人听到"责任"这个词时都会翻白眼。他们会说："是啊，是啊，是啊……这些我都知道！"（是的，我们俩原来也是这样的人。）但是，"知道"和"采取行动"之间还是有很大区别的。

杰克：当初我写《成功法则》一书时，承担责任也是书中的第一条法则，而那本书是写给成年人的！有些时候我们知道该怎么做，但也需要有人时时提醒，才能更好地将这些想法付诸实践。

⑴.5 责怪与抱怨游戏

所有的**责备都是浪费时间**。
不管你在另一个人身上找到多少错误，也不管你
如何责备他，这都**改变不了你自己**。

——韦恩·戴尔
畅销书作家、励志演讲家

问：如果从一件事中没能得到我们想要的结果，最容易做的两件事是什么？

答：

1）把责任推给别的人或事。

2）抱怨。

我们是怎么知道的？因为我们在这两件事上都犯过错。相信我们，我们太知道这样做有多容易了。即便是敢于承认这一点的人，他们也会说自己掉进了这个陷阱。但是容易并不意味着它是正确的。

我们先来看看这里面的第一个陷阱：指责

承担责任意味着不把问题归咎于其他人或事，只向自己追责。仔细想想，指责其实只是另一种形式的找借口。也就是想出个理由来解释自己为什么没作为。你猜对了，这么做只会拖我们的后腿。

布莱尔，22岁（犹他州，盐湖城）：我想取得好成绩；想成为排球队最有价值的球员；想保持身体健康……但好像这些还不够。

我的初衷是好的，可要实现这些却比我想象的要难得多。每当成绩不理想，或在排球场上发挥不佳时，我就马上开始挑别人的毛病，不愿意承认也许自己才是问题的根源。

我怪老师教得不够好；怪队友不够努力；怪家庭作业堆积如山，导致我没有足够时间训练。这么做在当时当刻感觉很好，因为毕竟"这不是我的错"。什么都不是我的错……而这正是我遇到麻烦的地方。

指责成了一种习惯，我竟没有意识到。当时的我也没看到自己已然是一个"抱怨高手"了。后来有朋友问我："你打算做些什么来改变现状？"我立即回应说："我什么都做不了。这不是我能控制的。"朋友接着说："那你的意思是别人控制了你的生活、你得到的结果、你的幸福？"

我被吓了一跳。这些问题我以前从来没这样想过。我意识到自己之所以从未实现目标，是因为我放手让别人掌控了我的生活。而我确实有能力改变许多事。现在我已经二十二岁了，去年一年我完成的目标比我之前二十一年完成的总和都多。对我来说，责任的力量改变了我的生活。

提示： 与其把矛头指向其他人，不如确定一个新的解决方案。

现在让我们来看看陷阱二：抱怨

抱怨球掉在地上弹来弹去**的人**
很可能就是那个**扔球的人。**

——卢·霍兹
前圣母大学橄榄球教练

指责和抱怨真是太配了，完美组合。当然，你可以把问题归咎于其他人或事，尽情抱怨。我们不会阻止你，而且很可能也没有人会阻止你。但是你得明白这样做只是在伤害自己，因为不管有没有你，生活都会继续下去。

还有一种看待抱怨的方式是大多数人没有想到的，那就是：之所以抱怨某事或某人，是因为我们肯定相信有更好的东西存在。

如果要发出抱怨，你就得相信有些东西能够变得更好。这时你需要一个参考点，也就是你喜欢但还没有的东西。

这么说吧，人们通常会抱怨他们可以做出改变的事，但不会抱怨那些自己无能为力的事情。听说过谁抱怨重力吗？不可能的事啊！

这里包含一个最朴素的事实：我们所抱怨的，实际上是我们有能力改变但却选择不改变的情况。我们总是可以学得更多，吃得更健康，换一门课，更努力地锻炼，更长时间地练习，选择更好的朋友，给我们的头脑提供不同的信息。是的，这些确实是我们可以掌控的。

现在你可能会想，"好吧，肯特、杰克，如果这么简单，为什么还有那么多人得不到他们真正想要的东西？"好问题！答案是想要得到就得改变做法，而改变是有风险的。对大多数人来说，失去朋友、体验孤独或被其他人批评，这样的风险比坐视不管，"让生活自由发生"要可怕得多。

要承担责任，做出改变，我们就得面临失败、冲突或出错的风险——这些恐惧会使很多人退缩。因此，为了避免任何这些不舒服的感觉和体验，我们更容易留在原地，指责他人，只是抱怨。然而，我们所见到的每个成功人士都认为生活中应该有两个选择：

1）既然选择留在原地就欣然接受，不抱怨。

2）迎接挑战，承担风险，活成自己喜欢的样子。

要想从你目前所在的地方到达理想中的目的地，就不得不承担一定的风险，这就是生活。

不冒险就什么都得不到。

⑴·⑥ 你的能量

大多数人在真相周围转来转去，不敢直视，否认自己才是生活质量好坏的根本原因。如果你想成为赢家就得承认，是你自己采取了行动，思考了问题，产生了感情，做出了选择，才有了现在的成就。但也不用过于悲观，这里也有好的一面：

> 如果是**你**把自己带到现在的位置，
> 能带你去理想之地的人同样也是**自己**。

换一种做事的方式或者思考问题的角度，什么事都能改变。爱因斯坦曾经说过，"重复做同样的事情，却期望有不同的结果"，这是精神不正常的表现！如果我们一直吃垃圾食品，我们不可能变得更健康。如果我们一直不重视家庭作业，我们的成绩不会变好。如果我们不改变目前的行为方式，生活当然不会得到任何改善。就是这么简单。下面来做个填空吧："为了改变我的生话，我必须首先改变＿＿＿＿＿＿。"

1.7 生命法则

如果你真能理解这一生命法则，就能完全控制自己的命运。

$$E + R = O$$

不用担心，这不是代数。它比代数简单得多，意思是：

事件＋反应＝结果

（ Event + Response =Outcome ）

这个公式的基本思想是这样的：人们在生活中经历的每一个结果（无论是成功还是失败，健康还是疾病，幸福还是挫折）都是我们对之前发生的事做出反应的结果。

如果你不喜欢现在的结果，可以有两个选择：

1）把不理想的结果归咎于事件（E）。换句话说，你可以责备父母、老师、朋友、队友、童年、天气、种族主义、缺乏支持等等。但"指责游戏"能有多大用处？当然，这些因素确实存在，但如果它们是决定性因素，就不会有人成功。

迈克尔·乔丹不会进入 NBA；海伦·凯勒也不可能激励几百万人；小马丁·路德·金不会影响到我们整个国家；奥普拉·温弗瑞不会有全国顶级的每日谈话节目；比尔·盖茨也不会创立微软。还需要更多例子吗？这样的例子无穷无尽。

很多人已经克服了这些所谓的"限制性因素"，所以限制你的不可能是这些因素。阻止我们的不是外部条件或别人，而恰恰是我们自己。我们想出一些冠冕堂皇的理由，为自己的自我毁灭行为辩护。对有用的反馈视而不见，把时间浪费在说闲话、吃垃圾食品上，不锻炼身体，花的比赚的多，对未来没什么计划，有丝毫风险都躲得远远的，也弄不清什么是真相，然后还想知道为什么自己的生活不成功。如你所知，这种选择是没有好处的。

2）相反，你也可以简单地改变你对事件（E）的反应（R），直到获得你想要的结果（0）。这种选择才会创造财富、机会，带来自由以及更多的选择。任何时候，我们都可以改变想法，改变看待自己的方式以及我们的行为——这就是你的力量，也是我们每

个人需要控制的
东西。

不幸的是，对
许多人来说，这些
因素深受旧习左
右。我们更容易

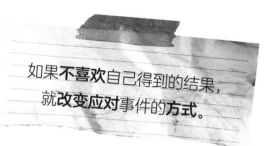

如果**不喜欢自己得到的结果**，就**改变应对事件的方式**。

做出反应，而不去思考问题。但是当我们
负起责任并承诺做出改变的时候，就可以夺回控制权。当然什
么事都不是一夜之间就能改变的，但如果发现自己有负面情绪，
也愿意尝试改变，哪怕一天
只改变几次也能使情况大
为不同。

最后，重要的不是在
我们身上发生什么事，而
是我们怎么应对这些事。
我们如何应对完全取决
于我们自己。

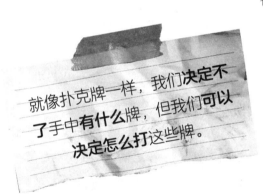

就像扑克牌一样，我们**决定不了手中有什么牌**，但我们可以**决定怎么打这些牌**。

(1.8) 反应的作用

肯特：那是一个星期二，学校的一天刚刚开始。校长在对讲机里宣
布，"今天第一节课，初三学生要进行一次突击考试。请大家到体育馆
前集合"。

话音刚落，我就听到学生们骚动起来，此起彼伏地响起叹气声和抱怨声。我承认一听说有考试自己也不太高兴。去体育馆排队等候时，同学们还在抱怨，互相争吵：

"我不信我们非得考试！"

"真是浪费时间！"

"我可能要不及格了。"

"我也是。"

我注意到有那么三四个人，她们似乎没有受到这次突击考试的影响，有说有笑的，好像什么也没发生。我想知道为什么，就走过去听她们说了些什么。

"你觉得会考什么？"一个女孩问。她的朋友回答说："如果是选择题，我可以毫不费力地完成。""是的，我也不担心这个问题。所有的学习任务我一直都认真完成了。而且我不知道到底要考什么，也没办法准备，所以就没有必要紧张，对吧？"她笑了起来。

然后我又看到一个人，他一边看书一边听音乐。我当时就想，"嗯，如果考试真的是决定人们的感受的因素，每个人都应该感到不安。"但实际上并不是每个人都这样。所以真正决定人们的感受的是：他们的反应。

正是每个人对考试的反应（R）才带给他们不同的独特结果（O）。态度和行为共同造就了他们完全不同的体验。

1.9 昨天造就今天

随

堂测试：上一节的主要内容是什么？

答案： 人们在生活中所经历的一切，无论是内在的还是外在的，都是我们对先前事件的反应的结果。

在解释上面这个结论时，我们看到了很多有趣的反应。有些人立刻说："什么？好吧，没错……这不是真的！"有意思的是，有这种反应的人往往也是下面这些人：

* 在生活中没得到他们想要的东西。
* 经常感到沮丧。
* 对其他人有很多愤怒的情绪。
* 觉得自己无论做什么都注定要失败，因为生活不受自己控制。

造成这一切的原因在于一件事：否认。这么说可能有点过于简单化，但稍微想一想就明白了。他们常说：

* "这不是我的错。"
* "好吧，你能指望什么呢？我只是没有那么大的天赋。"
* "如果其他人做了该做的，我就会成功了。"
* "如果有更好的老师，我的成绩会好很多。"

法则 1　对自己的生活百分百负责　⑰

长期以来，他们太习惯于给自己找借口，甚至创造了"另一种现实"——这个现实告诉他们没有办法改变现状。有了这种观点，难怪他们每一天都痛苦与挣扎。

注意：结果从不说谎

要看一件事进行得顺不顺利，最简单便捷的方法就是看看我们眼前有什么样的结果（O）。要么取得好成绩，要么没有；要么健康，要么有恙在身；要么快乐，要么悲伤难过；要么得到了想要的东西，要么没有。

肯特：希望我们要说的不会让人觉得很无礼，这不是我们的本意。记得有一次我考试考砸了，想做一番解释，老师却说，"结果不会说谎"。我当时觉得老师这话有些伤人。但过了一段时间，我理解了老师是什么意思，他说得确实很对。

其实，不能给脸上增光添彩的结果是没人愿意看到的——看了也会感觉不好。但是当我们鼓起勇气面对事实的那一刻，就会知道自己应该做什么才会带来改变，因为——事实**胜于雄辩**。

我们再来读一遍上面最后这句引言。如果能真

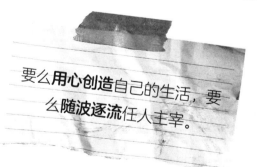

要么**用心创造**自己的生活，要么随波逐流任人主宰。

正理解并认同这里面的含义，就能在灾难来临之前看到预警。其实生活中总会有这样那样的迹象，提示我们可能有不好的事要发生，要么是别人说了什么，要么就是我们的直觉。这些预警给了我们时间来阻止不必要的事情发生。我们越是善于识别这些迹象并迅速做出反应，掌控力就越强，所经历的痛苦就越少。

外部预警可能有：

※ 父母告诉过你。

※ 朋友告诉过你。

※ 你得到的总是你不想要的结果。

内部预警可能有：

※ 总是心神不宁，紧张兮兮的。

※ 你内心的声音说："这事有些不对劲。"（这也就是直觉。是的，如果你仔细听，确实有直觉这回事。）。

这些警报实际上给了我们时间来改变我们在 E+R =0 方程式中的反应（R）。然而，关注预警意味着我们必须做一些不舒服的事情来改变现状，因此太多的人都忽视了。要知道，假装没有看到这些警报只会助力灾难的到来。迟早你得面对自己的行动——或者不行动——带来的后果。所以还是应该趁事情没那么糟糕的时候该面对就面对。

有时候我们也能接收到一些肯定的信号，告诉我们路走对了。这些也要注意聆听。有关这方面的内容我们稍后再谈。

1.11 生活应该有趣，对吗？

你知道什么样的人总是面临两难境地吗？我们当然知道。其中一些人我们还很了解，他们遇到的许多或大多数"问题"本来是可以完全避免的。生活应该有趣，对吗？为什么本可以预防的问题还要花时间去处理呢？

成功人士不会坐等灾难发生。相反，他们在出现某些迹象或事情发生的那一刻就迅速而果断地做出反应。结果就是生活变得如此简单，而且更有乐趣。原来那种不自信的自我对话，诸如"我是个失败者"，或者"好像什么事儿都不适合我"，会慢慢变成"我感觉很好"，"一切在我掌控之中"以及"我能行"。

一旦我们的内心对话发生变化，信心和自尊心就会增强。而一旦出现这种变化……注意了！一个全新的充满可能的世界就会出现。为了更加成功，我们就会改变自己的行为方式，以获得更多想要的结果。就是这样，就这么简单。

问：你每天重复告诉自己的五件事是什么？

起初，你可能会说："你在说什么呢？我不和自己对话！"其实这里的对话不是指你印象中茶话会上的那种对话，而是你在一天中默默地对自己重复的短语。这些话语可能是积极的，也可能是消极的。来看看下面的例子：

积极的：

❋"这个我能做到。"

消极的：

❋"我不够好。"

＊"我已经足够好了。"　　＊"哦，好吧，反正我的能力也就这样了。"

＊"我能行。"　　＊"为什么是我？"

＊"我在掌控。"　　＊"我只是没有足够的技能。"

　　你在一天中对自己说了什么？这个问题需要认真思考一下，因为我们往往并没有意识到反复对自己说了什么。但是想要对生活负起全部责任就意味着我们必须控制自己的想法，因为这些想法会影响我们的一切行为。在日记本或一张纸上列出你在日常生活中经常对自己说的五句话。

　　发现什么了吗？你的内心对话是积极的还是消极的？还是两者都有？这些话是如何影响你的表现的？

　　现在再看看你写的那五件事，在你不再想对自己说的话上面画一条线。这样能帮助大脑做好准备以消除这种消极对话。

　　一遍又一遍的消极话语就在你的脑海里，侵蚀着你的潜力。设一下，如果用积极的信息滋养你的头脑，会发生什么。即使我们一开始不相信自己说的话，最终大脑也会接受它为真理，这就是为什么对自己说建设性的话如此重要。

　　在同一张纸上，列出你每天可以对自己重复的五句有力量的话。（可以包括之前清单上写下的任何积极的话。）

　　提示：如果想改变已经对自己说过的话，就得不断提醒自己你想说的话。把清单放在床边，或用胶带贴在浴室的镜子上，提醒自己每天都要记住这些有力量的表达。

(1.12) 简单不一定容易

和朋友聊天很容易，对吗？那如果有人让你站在舞台上，跟观众交谈并发表演讲，又会怎样呢？这是一个简单的情景，但简单并不意味着容易。

虽然第一条成功法则很简单，但是实施起来却不一定容易。承担全部责任需要有意识、有奉献精神，有意愿尝试并承担风险。我们得愿意关注自己正在做的事情和已经产生的结果。

提示： 向你自己、家人、朋友、老师和教练征求反馈。一开始你可能会很尴尬，但他们真的可以帮助你，指出你可能没有意识到的一些习惯和行为。

可以问问他们下面这些问题：

※ 我所做的事情有效吗？

※ 我可以做得更好吗？

※ 有什么事情是我不该做的吗？

※ 你觉得我什么地方限制了自己的潜能？

不要害怕询问。这是个机会，可许多人都回避这个机会。他们害怕可能会听到的某些反馈。其实没有什么

可害怕的，真相就是真相。知道真相比回避它更好。而一旦你知道自己缺什么，就不会缺很久，因为你也知道怎么做来改善目前的境况。如果没有反馈，你就无法改善你的生活、课业成绩、运动表现，或者增进友谊。

花点时间留意一下，一个人的行为会产生什么影响，生活总是会通过不同方式反馈给我们。偶尔放慢脚步看看你的生活和身边的人。你快乐吗？他们幸福吗？你的生活是否平衡有度、组织有序？是否有惊喜？成绩是否如你所愿？身心是否康健？你是否得到了想要的结果？

记住，改变结果的唯一办法是改变你的行为。而改变行为必须从面对现实开始——基于真相的现实。如果正视现实并迅速做出改变，成功就会以你意想不到的方式向你走来。

1.13 挑战

这本书写的都是经过验证的成功法则和技巧，可以立即付诸实践。

如果不试一试，你怎么能知道这些法则是否有效呢？问题是：没有人可以替你去试。一切都取决于你自己。如果想获得生活所能提供的所有美好事物，就要从承担责任开始。你会站出来迎接挑战吗？我们当然希望你这样做！

我的待办事项清单

☑ 要认识到：负责我生活的人是我自己。我对我的生活质量负责。

☑ 寻求真相，看清事情的本来面目，以便我能做出改善。把事情看成我理想中的模样，创造一个新的愿景。

☑ 消除借口，因为（a）没有人想听这些借口，而且（b）它们所做的只是拖慢我的步伐。

☑ 承认指责源于否认，指责并不能促成任何事情，因为无论我如何指责自己以外的事物，都不会改变我或我的处境。

☑ 要认识到：只要稍微改变一下做事或思考问题的方法，我就可以改变任何事情。知道重要的不是在我身上发生什么事，而是我如何回应这些事。而我如何回应完全取决于我自己。

☑ 当我问自己不同的问题时，就会引发我不同的反应，而这反过来又会产生不同的结果。

☑ 记住，结果是不会说谎的。要想分辨某事是否有效，最简单、最便捷的方法就是看一看我目前所得到的结果。

☑ 注意其他人或我的直觉给我的警报和信号。这些往往可以帮助我防止以后出现不必要的后果。

☑ 牢记，获得理想结果所需的一切我都拥有。

法则 2

相信
一切
皆有可能

相信自己！ 对自己的能力要有信心！
缺乏谦逊适度的自信，
你也不会**成功快乐**！

——诺曼·文森特·皮尔
畅销书作家、演说家

任何取得一定成就的人都必须首先相信自己，否则还谈什么迎接挑战，追逐梦想，不懈奋斗呢？如果你真的不相信自己有能力读完一本书，还会去图书馆借吗？你会拿起这本书吗？可能不会。这说明什么？说明我们的信念先于我们的行动。具体来说，对成功与否影响最大的是我们对自己和自身能力的信心。如果想要创造梦想中的生活，就必须相信自己有能力使之发生。

拿破仑·希尔曾受雇于安德鲁·卡内基（曾经世界上最富有的人），对成功进行了长期研究，最终写成《思维致胜》一书。这本书后来成了历史上最畅销的书。希尔发现相信的力量是世界上最有力量的东西之一，也许你已经猜到这一点了。

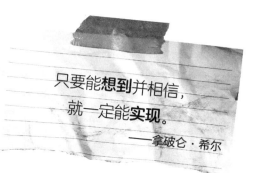

只要能**想到**并相信，就一定能**实现**。

——拿破仑·希尔

② 1 相信是一种选择

最终**成功**的人都是那些**认为自己能行的人**。

——理查德·巴赫
畅销书作家、励志演讲人

相信自己是一种态度，一种选择。这有时是最令人惊讶的，但这是事实。对自己有信心是我们在生活中逐渐形成的一种思维方式。虽然身边有积极乐观、支持鼓励你的父母、老师、教练和朋友也有助于我们信心的建立，但这并不是你自信程度的长期决定因素。记住，对于今天自己的状态和处境，指责别人是没有任何意义的。管好自己，建立信心是你自己的责任。

我们在写这本书和其他书时采访了几百名超级成功人士，几乎每个人都告诉我们，"我不是最有天赋或者才华的人，但我确实选择相信一切皆有可能。我只是不断地学习，练习，比别人更努力，这就是我走到今天的原因"。

斯蒂芬·J.坎内尔上学的时候，一年级、四年级和十年级的考试都没通过。他无法像班上其他孩子那样阅读、理解。为了应对考试，他花了五个小时和母亲一起复习，结果还是考砸了。斯蒂芬最后得出结论，他就是不聪明。

"但我当时强迫自己不去想这些。"他告诉我们，"我把精力放在了我擅长的事情上，那就是足球。如果不是有我擅长的足球，真不知道我后来会是什么样。我的自尊心是在体育运动中建立起来的。"

竞技体育让斯蒂芬知道，如果在某件事情上足够努力，就能取得优异成绩。后来，他凭着这一信念在其他领域也取得了优异成绩。让人意想不到的是，斯蒂芬最终从事了电视剧本写作工作。后来他成立了自己的工作室，自编自导，还给三十八个不同的节目写了三百五十多个剧本。很快，他就有了两千多名员工。卖掉工作室后，他又继续写了十一本畅销小说！对于一个被认为不怎么聪明的人来说，这成绩可以了。

选择相信什么完全由你自己决定。

斯蒂芬的例子很好地说明了：最重要的不是生活给了你什么，而是如何应对生活给予的种种。斯蒂芬选择相信自己，这种信念帮助他建立了信心。

②.② 期望什么就得到什么

为了成就**大事**，我们不仅要**行动**，还要**敢想**；不仅要计划，还要**敢相信**。

——阿纳托尔·法朗士
法国作家

科学家曾经认为人类大脑的工作原理是对接收到的外部信息做出反应。但现在他们知道了，大脑其实是对它所期望的下一步要发生的事做出反应。我们来看一个例子。

几年前，得克萨斯州的医生们对膝关节的术后效果做了相关研究。具体来说，他们比较了三种手术：（1）刮治膝关节；（2）清洗膝关节；（3）对膝关节不做任何处理。

在对膝关节不做任何处理的手术中，医生对病人进行了麻醉，在膝关节上做了三个切口，就像插入手术器械一样，然后假装进行了手术。术后两年，接受"假装手术"的病人说他们的疼痛和肿胀得到了缓解，效果就像接受实际治疗的病人一样。实际上这是因为他们的大脑期望"手术"能改善膝关节的状况，而结果也确实如此，尽管压根什么也没做。怎么样，是不是很神奇！

为什么大脑会以这种方式工作？（警告：吓唬人的术语来了！）研究这种"期望理论"的神经心理学家说，这是因为我们一生都在下意识地期望某些事情发生。想一想，在整个生命长河中，我们的大脑其实学会了对下一步产生期望，当然最终是否真的发生是另一回事。正因为大脑期望某件事以某种方式发生，我们往往才会经历自己所期望的事情。（再读读这句话，好好理解理解……）

布里安娜，17岁（怀俄明州，杰克逊霍尔镇）：从十二岁开始，我就一直在与数学作斗争。后来情况变得越来越糟。我不喜欢上数学课，也不喜欢做数学作业。最终，我觉得我对数字就是不擅长。

每次去上课，我都会想到自己压力重重、苦苦挣扎的样子。而不出意料的是，事实也确实如此。我的大脑一直在下意识地搜寻能支撑我对数学课有这种期待的种种证据。比如我正在解一道方程式，如果反复尝试后依然不得其解，我的第一反应会是：看吧，我就知道我做不出来。多么努力都没用，就是做不对！

今年教我们数学的是一位新来的老师，他教的一些新技巧对我真的很有帮助。我第一次对数学有了一些信心。我意识到在过去的五年里，我实际上是在不断制造错误的期望，这些期望对我的成绩毫无益处，因为我真的相信自己就是学不好数学。很高兴我现在明白了这一点，也知道未来自己该怎么走。我们所期待的通常会变成我们的真实经历，这是真的。

因此，我们要在头脑中持有积极的期望，这一点很重要。当你用更多的积极期望取代之前的消极期望时，大脑也会帮助你达成这些期望。而且比这更好的是，我们的大脑实际上倾向于期望实现积极的结果，这有多酷啊！

2.3 我可以！

"**我**做不到！"

这句话所说的是事实，还是只是一个想法？嗯，先来看看下面这个情况。

我们所相信的会成为事实。很多时候，我们只是下意识做出反应，说出（或心里想）"我不行"，而没有真正考虑清楚。实际上我们能做的远比想象的多得多。

如果想成功，就得摒弃"我不行"这句话，以及所有与之类似的表达，比如：

❋ "真希望我能……"

❋ "我要是……就好了。"

❋ "我愿意尝试，但是……"

这些话立刻让我们软弱无力，因而错过了尝试新鲜事物、挑战自我的个人成长机会。

托尼·罗宾斯——畅销书作家、演说家——在世界各地举办研讨会。（托尼也是出现在电影《庸人哈尔》的电梯场景中的那个人）。有一次在他的活动上——我们（肯特和杰克）当时也去了——全场三千名听众被告知，晚上会议结束时，作为突破恐惧的练习，每个人都必须在烧红的煤块上走一走。宣布这个消息的时候，大多数人的反应是："你在开玩笑吗？我可做不到！"起初，我们也担心自己办不到，觉得脚底会被烧伤烫起泡。

研讨会上有一个环节，要求我们写下所有自己觉得做不到的事："我不可能得到全优的成绩"，"我不够优秀，找不到梦寐以求的工作"，"我不可能成为百万富翁"，"我不可能成为联赛最有价值球员"，"我不可能有机会跟那个人约会"，等等。写完以后我们就把纸条扔进火炭里，看着它们烧成灰烬。两个小时后，三千多人都从同样烧红的热炭上走过去了，谁也没烫伤。谁说烧红的炭火上不能走人？谎言！（相信我们，我们真的做到了！）那天晚上我们学到了，很多时候对自己设限，对自身能力进行否定都是错的。

当然我们并不是让你也点燃篝火，在热炭上走走。这需要专业的指导，身心状态也得合适。但这件事蕴含的道理值得我们思考。

1977年，在佛罗里达州的塔拉哈西市，当时六十三岁的劳拉·舒尔茨一个人将一辆两千磅重的汽车从后部抬了起来，把孙子的胳膊从车下救了出来。就在前一天，劳拉还开玩笑说自己拿过的最重的东西也就是一瓶胃药了。劳拉是一个娇小的女人，肩不能扛、

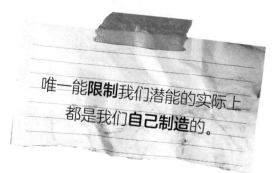

唯一能**限制**我们潜能的实际上都是我们**自己制造**的。

手不能提的样子，看起来连二十五磅的猫粮袋都提不动。

查尔斯·加菲尔德博士在报纸上看到有关劳拉的报道后想采访她。起初，劳拉不愿意谈论关于她的所谓"事件"，但在查理的坚持下，最终她接受了采访。她说之所以不喜欢谈论这件事，是因为它挑战了她对自己能做什么和不能做什么的认知。劳拉说："如果我一直认为自己做不到某事，后来却做到了，这对我的人生来说意味着什么呢？是不是我从来没有用力活过，一生都浪费了？"

查理说服她说，她的生活还没有结束，她仍然可以做她想做的事情。他发现劳拉喜欢地质学。她一直想去学校专门学习，但由于父母没有足够的钱送两个孩子都上大学，只能让哥哥上学，她就放弃了。在查理的指导下，六十三岁的她决定回到学校学习地质学。最终劳拉获得了学位，并在当地的一所社区大学任教。

你想等到六十三岁才去做想做的事，还是现在就开始？**不要浪费你的生命，不要总想着自己不行。** 放手去做吧！

②.④ "你得相信"

如果你**相信**自己**行**，你可能**真行**。

如果你**相信**自己**不行**，你肯定**不行**。

信念是让你**离开发射台**的点火开关。

——丹尼斯·韦特利
畅销书作家、美国国家航空航天局顾问

蒂姆·费里斯只有二十九岁，而他已经取得了令人匪夷所思的成就。他说自己之所以能够取得如此大的成就，是因为他对可能发生的事情有着强烈的信念。

事实上，蒂姆非常相信自己的能力，他甚至在刚刚接触散打这项运动六个星期后就赢得了全国散打冠军。（是的，我们说的是"星期"，不是"年"。）

作为普林斯顿大学的全校冠军和柔道队队长，蒂姆一直梦想着赢得一个全国冠军。他一直刻苦训练，也很擅长这项运动。但几个赛季里反复受伤，使他一直未能实现梦想。因此，当有一天朋友打电话给蒂姆说要参加六周后举行的全国跆拳道锦标赛，问他是否前来观赛时，蒂姆当即决定和朋友一道参加比赛。注意，是"参加"比赛，不是"观赛"。

因为从未参加过任何形式的对抗性比赛，蒂姆打电话给美国拳击协会，询问哪里可以找到最好的教练。他来到新泽西州特伦顿的一个穷人区，向曾经带出过金牌选手的拳击教练学习。蒂姆每天要在拳击场上进行四个小时的艰苦训练，然后再在举重室内里做更多的练习。为了弥补他在这项运动中经验不足，教练采取的策略是专注于发扬蒂姆的长处，而不是弥补他的短处。蒂姆的目标并不仅仅是参加比赛，他想赢。

比赛那天，蒂姆击败了三个备受好评的对手并晋级决赛。最后一决胜负的时候，他闭上眼睛，想象着在第一轮就击败对手（这是另外一条强有力的法则，我们会在本书后面探讨）。蒂姆相信自己能行，然后他就赢了。

后来他告诉我们，大多数人失败不是因为他们缺乏技能或能力，而是因为他们根本不相信自己。千万不要因为怀疑自己的能力而低估了自己。成功都是从信念开始的。从相信自己能实现生活中的小目标开始，慢慢建立自信，最终实现曾经想都不敢想的梦。

2.5 找到后援团

> 只要**相信**自己能成功，相信自己想**做什么都行**，
> 并愿意为之**付出**辛苦与汗水，你就能**得到**想要的。
>
> ——奥普拉·温弗瑞

读到这儿你应该已经知道了，相信自己是成功的一个关键部分。那我们还需要别人的支持吗？其实来自他人的支持会额外提升我们的自信，赋予我们更多的力量去实现梦想。

二十岁的鲁本·冈萨雷斯带着一张休斯敦商人的名片，来到纽约普莱西德湖的美国奥林匹克训练中心学习无舵雪橇。这位商人相信鲁本的奥运梦想。无舵雪橇是一项十个人中有九人在第一赛季后就放弃的运动。它的赛道是一条封闭的一英里长的下坡，由混凝土和冰制成。运动员向下滑行时速度可达110千米/小时，几乎每个人在掌握这项运动要领前都要摔断不止一根骨头。但鲁本有梦想，有激情，有不言放弃的承诺，还有休斯敦朋友克雷格的支持。

第一天训练结束后，鲁本回到房间，给克雷格打了个电话。"克雷

格，这太疯狂了！我一侧肋骨很疼，可能脚也伤了。算了吧，我还是继续练足球吧。"

克雷格打断了他的话。"鲁本，到镜子前去！"

"什么？"

"我说的是：'到镜子前去！'"

鲁本起身，扯着电话线，站到一面全身镜前。"现在跟着我重复：不管情况有多糟，也不管情况会更糟糕到什么程度，我一定会成功的！"

鲁本觉得他像个白痴一样盯着镜子里的自己，声音是那么软弱无力。"无论情况有多糟，也不管情况会更糟糕到什么程度，我都会成功。"他重复道。

"喂！用点心！你是'奥林匹克'先生！就这么表决心吗？你到底想不想继续练？"

鲁本认真起来："不管情况有多糟，也不管情况会更糟糕到什么程度，我一定会成功的！"

"再说一遍！"

就这样，一个字一个字地反复说，鲁本的自信又回来了。"不管情况有多糟，也不管情况会更糟糕到什么程度，**我一定会成功的！**"

一遍一遍又一遍……

说了大概五遍后，鲁本想："嘿，我现在好像感觉好点了，我站得好像都更直一点儿了。"等到第十遍的时候，鲁本跳起来，大喊道：**"发生什么我都不在乎。我一定能成功。就算两条腿断了，骨头也能愈合，到时候我还回来练，我能行。我肯定能成为一名奥林匹克人！"**

看着自己的眼睛，认真告诉自己你要做什么，这会有意想不到的效果。对自己坦诚相待，相信自己，这样别人才能相信并支持你。为了最大限度地发挥自己的能力，有时我们需要有个朋友或教练多给我们一些鼓励。（我们将在后面的章节详细讨论如何做到这一点。）

无论你的梦想是什么，试试鲁本的成功技巧，真的很有效。看着镜子里的自己，向自己保证，你一定要实现梦想，无论付出什么代价。鲁本·冈萨雷斯对自己做出了这样的承诺，而这也改变了他的生活。他后来参加了三届冬季奥运会的比赛。

信心要大。**成功**的**大小**是由信念的大小决定的。
想着**小目标**，可以收获**小成就**。
目标放大，才能赢得**更大的成功**。

——大卫·施瓦茨
畅销书作家、励志演讲人

②.⑥ 如果相信，就能成功

最近，我们采访了一位非常有趣的人——克里斯·巴雷特[1]。克里斯现在只有二十五岁，但他十几岁时就已然是成功人士了。他完成了许多不可思议的事情：制作了许多成功的独立电影，参演了获奖纪录片《大企业》（The Corporation），是几个主要电视节目的嘉宾，也是许多好莱坞明星的亲密朋友，他甚至设法让一家大公司支付了他的大学学费！但他的故事还不只这些，他还写了一本开始时很多人认为"没人想要"

---

[1] 克里斯·巴雷特与演员艾弗连·莱米雷斯共同创立了发电站影音娱乐公司。克里斯目前正在导演纪录片《放学后》。克里斯和艾弗连是《指导自己的人生：如何在任何所选领域成为佼佼者》（2008）一书的合著者。更多详细信息请查看网址 www.DirectYourOwnLife.com。

的书，赚了十万美元。他是怎么做到的呢？因为他始终相信自己能行。我们让克里斯自己来讲讲他的故事吧！

高中的时候，有一次，我的一个朋友免费听了一场音乐会。我想知道他是怎么办到的，就问他。他说他先把自己塑造成一位"记者"。如果有想看的音乐会，就给报纸或电子杂志写一篇关于这个音乐会的速报。这样，自然而然就能从举办方那里得到音乐会的免费门票，因为他们也希望有人给乐队写点文章，增加一点曝光率。听他说完我明白了，如果想看免费的音乐会，就不要跟自己说"我可不知道怎么当音乐记者，还是老老实实攒够钱来买这些昂贵的门票吧"；要告诉自己"我想免费听音乐会，眼前这个人已经证明了这件事没什么办不到的"。

就在那时，我决定我也要做一名音乐记者。很快，我就在后台敲巡演经理的门，并开始采访嘻哈乐队基爱和加料、摇滚乐队威瑟，甚至还有朋克乐队绿日等。在那之前，我从来没有采访过摇滚明星，甚至我都没给校报写过关于摇滚明星的文章。但我找到了自己想做的事儿，我鼓起勇气，行动起来。一路走来，我发现我真的热爱音乐记者这个工作。而且任何想看的演出我都可以免费入场。

这样做了一段时间后，我决定写一本书分享这个秘密，告诉人们如何免费听音乐会。但当我把这个想法告诉别人时，他们的第一反应是："别写了，谁会想读这个，更不用说花钱买来读了？你在浪费时间。"

我感到很沮丧，开始怀疑自己。但我的内心有个声音在说，如果全力以赴，我就能实现自己想做的事。我并不知道这只是一个开端，越来越多的人跟我说同样的话：

　※"你别写了。"

　※"谁会想读这个？更不用说花钱买来读了！"

　※"你在浪费时间。"

　　但从那时起，每当听到这些让人灰心丧气的话，我就会告诉自己："当然可以，我能做到。我这个年龄的孩子会想读的。我愿意把钱花在这上面！"很快，之前的消极反馈让我更加坚定地写书，写一本备受欢迎的书。最终我写完了，这本书出版了，还建了一个网站。我甚至开始在亿贝（eBay）上卖书了。只用了很短的时间，这本书就卖了很多本，一下子，成千上万的人从全国各地下订单。一放学我就迫不及待地回家，打开邮件查看新订单。慢慢地，这本开始时很多人以为"没人想要"的书让我赚了十万多美元。

　　这事最终能做成，唯一的原因就是我相信自己，在每次有人说"不"的时候我都告诉自己能行。

2.7 其他人

当别人不相信你时，你必须**相信自己**。只有这样**才能赢**。

——维纳斯·威廉姆斯
奥运会金牌获得者、职业网球冠军

如果成功需要让别人相信你和你的梦想，我们中大多数人将永远不会取得任何成就。一个人做什么决定要基于自己想做什么事，然后写下能激励自己的目标。至于别人对你的梦想有什么看法并不重要，重要的是跟随自己的内心。我们很推崇丹尼尔·阿们博士的 18/40/60 规则：

18 岁的时候，我们**担心每个人**对自己的**看法**；**40 岁**的时候，我们开始**不在乎**别人的看法；**60 岁**的时候，你就会知道压根**没人在意你**怎么样。

意外吧，没想到吧！

大多数时候，根本就没有人在意你。每个人都忙着操心自己的生活，即使他们想起你，可能也只是想知道你对他们怎么看。大多数人活着可不是为了看你的遭遇有多悲惨。想一想你浪费了多少时间来考虑别人对你有什么想法，对你的目标、衣服、头发和身体有什么看法。把这些时间用在思考、实践那些你能实现的目标上难道不是更好吗？答案不言自明。

不要等着别人告诉你，"你有这个能力"。当然也不要在有人说"你不行"时停下来。相信自己，过你应得的生活。不要再傻傻地认为你在奋斗的路上孤身一人。要利用信念的力量来改变现在的生活。信心是会传染的。你越相信自己和自己的能力，就越有可能获得别人对你的信心和支持。如果朋友或家人不能给予你想要的支持，可以看看老师、教练、教会领袖、社区领袖是否会支持你，要不断寻求外部支持，直到找到为止。总会有人支持你。……有时候我们只需要再努力寻找一下。我们知道你可以成就非凡，但首先你得相信自己能行。请记住，你可以获得的支持有很多，但它们可能不会自己跑到你身边……你得花些力气找一找。想知道怎么获得他人的支持吗？请往后读。（我们用了一整章的篇幅来讨论这个话题。）

如果一个二十岁的得克萨斯青年能从事无舵雪橇运动并成为一名奥林匹克运动员……如果一个大学辍学生能够成为亿万富翁……如果一个有阅读障碍的学生挂科三年，还可以成为畅销书作家和电视制作人，那么你也一样能做成任何事，只要你相信这是可能的。你没有什么可失去的。相信自己，为之努力吧！

我的待办事项清单

☑ 记住，相信自己是一种态度，也是一种选择。

☑ 专注于我的期望，记住，有什么期望，往往就有什么样的人生体验。

☑ 对自己和生活抱有最好的期望。

☑ 要知道，信念比天赋、能力更强大。通常情况下，让人优秀的并不是能力，而是他们在做事上的坚定信念。当然，还有每天付出最大努力，以便将这种信念付诸行动。

☑ 记住拿破仑·希尔的话："凡是头脑能够想象和相信的，都能实现。"

☑ 对自己重复说："不管情况有多糟，也不管情况会糟糕到什么程度，我都会成功！"

☑ 记住，唯一能真正限制我的潜能的是我给自己的限制。

法则 3

确定
你
想要什么

要想从生活中得到想要的，
第一要务就是**确定**自己到底**想要什么**。

——本·斯坦

演员

问： 人们在生活中求而不得的首要原因是什么？

答： 他们不知道自己到底想要啥！问题难就难在我们没有学过如何发现自己在生活中到底想要什么。除了圣诞愿望清单，我们好像很少能——如果还有的话——说清自己真正想要的东西。

你 想完成什么？想经历什么？想见到谁？想拥有什么东西？想成为谁？成功对你来说真正意味着什么？对我们大多数人来说，这些都是非常棘手的问题……尤其如果我们平时不太考虑这些，回答起来就更难了。准备好听点儿好消息了吗？其实要想找到你对这些问题的特定答案是有一定技巧的，下面我们就跟大家分享一下这些技巧。

这样看吧：想象一下，你的新车有一个精准的 GPS 导航系统，可以准确地带你去任何你想去的地方——毫无问题！但是，如果你无法输入目的地，再精准的导航系统有什么用呢？如果连去哪里都不知道，导航也没有用，对吧？如果你的大脑也有一个内部 GPS，类似于汽车的导航系统，它的工作原理也与汽车导航系统类似。要想让它正常运转，你得给它一个目的地！人生旅程是什么样（就像你的汽车旅程），取决于你想要什么、想去哪里。

在前往目的地的路上，内心 GPS 会定期显示这条指定路线上的下一步是什么。同样，一旦你能明确自己的愿景（想要什么）并保持专注，那么具体要怎么做也会一直在沿途出现。一旦你明白了自己想要什么并保持专注，该怎么做（过程是什么样）也会变得清晰。

"别 闹了！你到底在想什么！来吧，认真点……你不能这样做！"

肯特：你听过这句话吗？杰克和我绝对听过，听过很多次！我记得几年前刚过完十七岁生日，我告诉朋友们我要写一本书。他们的反应我永远忘不了，连他们当时怎么说的我都记得一清二楚："你？是啊，是啊，写完书你还想当总统吧？"

我们每个人的内心都有一颗小小的"你"的种子，这是我们想要成为的人。不幸的是，这颗种子可能在与父母、老师、朋友、教练和成长过程中其他榜样的互动中被埋没了。

想一想：当你还是个婴孩时，你就知道自己想要什么，对吗？饿了就吃东西，不喜欢吃的就吐出来。在表达需求和愿望方面你毫无问题——放声大哭就可以了，让全世界都听到，直到自己的愿望被满足。

我们并不是说发脾气仍然是你获取自己想要的东西的最好方法。但这个例子表明，婴儿本能地知道自己想要什么，并且非常热衷于得到它。

小的时候，所有关于喂养、换尿布、搂抱以及轻摇安抚的需求都能被满足。你爬来爬去，找最感兴趣的东西。你很清楚自己想要什么，毫不畏惧地直奔它而去。那时候内心的 GPS 并不复杂，可它运行得却很好！但后来发生了什么？随着年龄的增长，不同的人对你的行为给予了

"反馈"，很快阻止了你的冒险精神，关闭了你的内心 GPS 系统。总是有人在某个地方，跟你说：

* 不要碰那个！
* 离那远点。
* 把你的手从那上面拿开！
* 不管喜不喜欢，盘子里的东西都得吃光！
* 你应该为自己感到着耻！
* 别哭了。别像个孩子似的。
* 你并不是真的想要那个。
* 你不会真的相信那个吧？

类似上面的这些话还有很多吧！随着年龄的增长，我们只会听到更多阻碍自己的话语：

* 不是想要就能拥有。
* 钱不是大风刮来的，你也知道。
* 除了自己，你就不能为别人着想吗？
* 手头的事赶紧停下来，做我让你做的事！

难怪我们内心的 GPS 系统会罢工！但是这个系统并没有失效，它只是处于暂停状态！你的内心仍然拥有你所需要的、用来创造你真正想要的生活的一切。

塞尔吉奥，18 岁（加利福尼亚州，洛杉矶）：每次我谈到新目标或者我想做什么事的时候，父母就会说："有梦想是可以的，但得对自己心中有数，知道能做什么样的梦，不要穷尽一生到头来发现自己追的梦压根无法实现。"我觉得他们这样说是因为他们自己的生活并没有像自己所期望的那样顺利，最终他们很痛苦，不再努力。但很快这些话就开始影响我——我竟然开始期待有些事在自己的生活中不那么顺利。每当我想设定远大、富有挑战的目标时，脑海中就会充满怀疑。"我是不是在浪费时间？""是不是很荒唐？""我真的有能力做到这些吗？"很多时候我还是会尝试实现自己的目标，但我从未全力以赴，因为我太害怕被辜负。

幸运的是，我的内心深处有一股力量不想听从那些负面情绪。我渴望从生活中得到更多。十六岁时，我和朋友开始做电脑维修生意，这个经历让我学到了很多。我体会到了什么是真正的可能，从此决定对生活要全力以赴，不留余地！现在在我看待问题的方式有了很大不同。去年我看到一句话，我把它贴在墙上当座右铭："伸手去摘星星，或许摘不到，但也不会弄一手泥巴。"我非常喜欢这句话，它提醒我，人活一世，要大胆去想，放手去做，别亏待自己。有时候折腾比满足于现状要好得多。做就行了，没什么可害怕的。即使最后没能得偿所愿，又怎么样呢？至少我知道自己努力了。而且我还知道，更大的目标能迫使我走出舒适区，获得更多的成长。生命太短暂了，不能消极对待。只管去做！

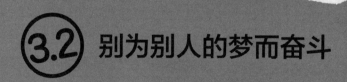

3.2 别为别人的梦而奋斗

我们要**敢于做自己**，无论那个自己有多么吓人，多么奇怪。

——梅·萨顿
诗人、小说家

"你肯定会成为一名优秀的医生。别现在就放弃。"

"你的沟通能力是与生俱来的，真应该做一名律师。"

"你爸爸和我知道你长大后会接管家族产业，成为一名成功的牙医。"

如果你允许别人为你做决定（选择职业，寻找生活伴侣，选择买什么车，替你申请大学，等等），那么很可能你最终实现的是他们的梦想，而不是自己的梦想。其他人对他们为你设想的生活有多大的热情并不重要，重要的是你对自己的梦想和愿望要充满热情。

最近我们看了对唐纳德·特朗普的采访，有一点他说得很对：如果一个人做事没有巨大的热情，他就不会有任何非凡的成就。的确如此！如果不是对所做的事有真正的好奇心，发自内心地热爱，很少有人能成就什么事。他的意思很明确：把时间花在你感兴趣的事情上，也就是你选择要做的事情上。归根结底，你得对自己所做的事情感到兴奋……毕竟，这是你的生活。

危险：不管好话赖话，只要反复听到，我们的大脑就会相信。

经典的洗脑方式就是简单地重复。如果反复听到"你不够好"或者"你不配""那不现实"，最后你就会信以为真。（这也是为什么和正确的人相处是如此重要。）如果身边总是出现消极的声音，你就始终得不到生活中真正想要的东西，终日疲于弄清别人想让你怎么样。结果就是，你做了很多不想做的事情来取悦他人。

等一下！必须澄清一点：我们并不是让你做一个自私自利、唯我独尊的人！人活着当然不能只做自己喜欢做的事，我们仍然要倒垃圾，做家务，做作业，尊重他人。对不起，这些都是必须做的。这里所说的为别人的事忙活指的是：

❋ 努力考取医学院（或法学院），仅仅是因为爸爸认为这个职业适合你。

❋ 到了有结婚压力的年纪，为了取悦母亲而结婚。

❋ 收起对电影、艺术或写作的热情，因为有人告诉你要找一份"真正的工作，而电影、艺术、写作并不实用"。

❋ 为了高薪接受一份工作，而不是全身心地做自己热爱的事业。

❋ 选了金融专业，仅仅是因为职业顾问认为那是最适合你的。

当我们试着变得"理智"或"实际"（按照别人的标准）时，就会对自己的欲望变得麻木不仁。难怪很多人在被问到想做什么或者想成为什么人时只会诚实地说："我不知道。"他们的生活中有太多的"应该"和"你最好是"，层层束缚让他们窒息，真正想要的东西也就离他们越来越远。但这是可以改变的！

一句话：听取别人的意见和建议是非常重要的，但永远不要放弃自己真正的梦想，而去圆别人为你设计的梦。如果忽视内心深处的渴望，可能就会错过生活给予我们的众多美好。

(3.3) 找到自己的内驱力

个人如果清楚自己想要什么，为了实现梦想总是兴奋不已，那么他就会感知到一种新的动力、内驱力和能量。有人认为世界上只有两种人：

1）有动力的人；2）懒惰的人。

我们并不认可这种说法。那些所谓的"懒人"在我们看来只是没有找到真正能激励他们的目标。

我们所见过的任何一个拥有远大目标或个人梦想的人，无不对生活充满激情与兴致。这绝对是成功人士的共同特点！所有我们遇到的功成名就的人都非常清楚自己想要什么。他们知道自己为什么要这样做，而且对实现自己的目标也非常兴奋。他们总是说，自律和动力其实是目标自然而然带来的结果，是目标激励他们行动起来，努力工作，坚持不懈的。

释放体内这种隐藏的动力的关键是发现你自己想要什么。模糊的想法和别人的梦想很难给你带来努力的动力。但如果这一切是你的理想、你的目标，情况就不同了。为自己奋斗，自己掌舵决策会带来一种更深的满足感和内驱力，这会让你每天早早醒来，克服挑战，竭尽全力。

泰勒，26 岁（得克萨斯州，休斯敦）：从我还是个孩子的时候起，家人就期望我长大后能成为家族餐馆的老板和经理。这让我感觉好像自己真的没有任何其他选择。上学的时候，我修了一些能帮我经营餐馆的课程，比如组织领导力等。但慢慢地我发现自己对学习没兴趣，也没有真正地去学。

毕业后，我开始和父母一起全职工作。过了一段时间，我变得越来越沮丧。后来我不得不告诉父母自己的感受："我不能再这样下去了。"这是一个困难的决定，但我不得不这样做。接下来的几天，我把在生活中想要做的事情都写在纸上。这无疑很有用，因为我感到有一种新的能量在涌动，这是我很长时间以来都没有过的。

这之后的两年，我一直在做清单上的事情，尝试新的工作并环游世界。做完这一切，我发现自己又回到了起点：和得克萨斯州的家人在一起。这一次，我自己决定要在家族餐馆工作。让我惊讶的是，我发现自己其实很喜欢这个工作。之前之所以不愿意做这个很可能是因为我觉得自己"不得不"这样做，这不是我的选择。但在花了一些时间去发现自己真正想做什么的过程中，在看到自己可以有的选择后，我找到了去家族餐馆工作的新动力，而我也惊喜地发现其实自己很喜欢做这行。谁知道呢，可能最后我还是会做一些完全不同的事情，这也没什么。但至少现在我清楚我在做我想做的事情。

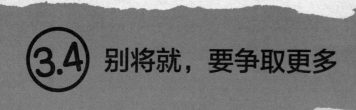

3.4 别将就，要争取更多

"**啊**，这就够了。反正也不重要。"

这句话"有毒"。虽然可能看起来无害，但慢慢地，这种态度会实实在在地破坏你的生活质量。

如果想掌控自己的能量，从生活中得到真正想要的东西，就必须不再说下面的话：

❋"我不知道。"

❋"这对我来说并不重要。"

❋"我不在乎！"

❋"随便！"（这是我们最爱说的。）

当你面临选择时，无论它看起来有多小，都要提醒自己，所有的事都很重要。如果你在意这些小事（生活中的细节），那么生活中的那些大事就会自然而然地进行得比较顺利。下次再遇到想放手不管的情况时，问问自己：

❋"如果这事确实重要，我的做法会有什么不同？"

❋"如果真的在意，我会选择什么？"

❋"如果我知道自己想要什么，那会是什么？"

杰克：许多年前我参加了一个研讨会，它对我的生活产生了很大影响。当所有的与会者（包括我自己）进入房间时，我看到每个人的椅子上都放了一个活页笔记本，有蓝色的、黄色的，还有红色的。我椅子上的那个是黄色的。记得当时我还在想："我讨厌黄色。真希望我的是蓝色的。"

然后演讲嘉宾说了一句话，它永远改变了我的生活："如果你不喜欢自己椅子上笔记本的颜色，可以跟别人交换，换一个你想要的。生活中的一切都应该按照你喜欢的方式安排。"

哇！多么好的观念啊！二十多年来，我就没有过这种思维方式。我觉得人不可能想要什么就有什么，所以有时候我就将就了。听他这么一说，我转身问右边的参会嘉宾："用我的黄色笔记本换你的蓝色笔记本，你介意吗？"

她回答说："一点儿也不介意。我更喜欢黄色。这种明亮的颜色更符合我的心情。"就这样，我拥有了自己喜欢的蓝色笔记本。虽然这只是件微不足道的小事，也不算什么大的成功，但它标志着我开始完全控制自己的生活，按照我想要的方式设计我的生活。

从那一天起，我向自己承诺，对于我可以做的，我可以成为的或我能拥有的，我一定要竭力去争取，永远不退而求其次，将就地活着。

对于不喜欢的颜色或其他任何东西，我们为什么要将就？记住，你总会有其他选择。你可以听之任之，也可以掌控自己的生活。给予自己最好的，不要满足于任何低于你应该得到的东西。

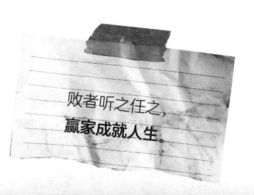

败者听之任之，赢家成就人生。

③.5 不设限！

想一下，几年前我们还是小孩子的时候，回答"你想要什么"这个问题并不难。难的是想要的太多，答案一个接一个地在头脑中闪过，我们一口气说下来，想要找个喘息的机会都没有。这就是为什么坐在圣诞老人腿上要礼物的时候要有时间限制，否则，孩子们会一直说下去。

但就像之前讨论过的，随着年龄的增长，我们在思考问题时习惯于考虑什么更"现实"。但什么是"现实的"呢？对约翰·肯尼迪来说，把人送上月球并不现实，但我们做到了。对开国元勋们来说，写下《独立宣言》，把美国变成一个独立的国家在当时是不现实的，但他们做到了。对小马丁·路德·金来说，领导一场全国平权运动是不现实的，但他做到了。

在思考想要什么或者想成为谁时，不要用"实际"或"现实"来限制自己。不要给梦想设限，因为限制梦想就是限制自己的潜力。

蒙蒂·罗伯茨读高中时，有一次老师给全班布置了一项作业——写一写长大后想做什么。蒙蒂写道，他想拥有自己的两百英亩牧场，饲养纯种赛马。令他惊讶的是，老师评分时只给了他一个 F（不及格）。老师解释说，给他这个分数是因为他的梦想不切实际："父母没房没地，连住的地方都是牛仔竞技场的后院，在这样的条件下，你能赚到足够的钱来买牧场，买马

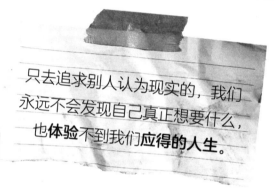

只去追求别人认为现实的，我们永远不会发现自己真正想要什么，也**体验**不到我们**应得的人生**。

匹，支付牧场雇员的工资吗？"老师提议蒙蒂重写文章，那样可以提一提分数。可蒙蒂却说："您保留给我的 F，我保留我的梦想。"

如今蒙蒂在加州索尔万有了自己一百五十四英亩的牧场，饲养着纯种马，还培训了数百名驯马师。

成就高的人与普通人看待世界的角度不一样，他们把世界看成一个可以发生神奇之事的地方，相信一切皆有可能，而他们自己就是成就可能的一部分，从不对自己设限。（这就是为什么他们愿意说："你保留给我的 F，我保留我的梦想。"）

3.6 吸引你想要的

演讲时，我们经常会走到观众席中，随机选人问个很简单的问题："生活中你想要什么？"他们的回答总是让我们感到惊讶。有些人面无表情地看着我们，另一些人则喃喃自语，但很多人都会说类似下面的话：

* "我不想破产。"
* "我不想考试挂科。"
* "我不想孤独。"
* "我不想要一辆经常坏的车。"
* "我不想像马修一样，最后进了监狱。"

你注意到这些回答有什么特点吗？每个句子都以"我不想"三个字开头。这是为什么呢？有时候把自己不想要的东西从生活中剔除可以帮助我们发现真正想要的东西。但是，要确保你把更多的注意力放在积极的方面，而不是消极的方面。
为什么呢？因为在生活中……

不知道你是否注意到这一点，那些总是想着或者嘴上说着不想要什么的人，他们在实际生活中往往就是在跟这些不想要的东西纠缠、作斗争。这并不是什么巧合。大脑是我们最强大的工具，它可以和

你所**聚焦**的地方才会让你**收获更多**。

我们一起奋斗，也可以和我们作对，这主要取决于我们选择关注什么。这就是"吸引力法则"。吸引力法则一直在我们的生活中起作用。它的运作原理是，能量流向注意力所在的地方。因此我们总是吸引更多我们所关注的东西。当你专注于自己想要什么，就会得到更多这样的东西，而不想要的也会逐渐消失。

提示： 在手腕上戴一个手镯或橡胶腕带，提醒自己想一下在生活中喜欢什么，希望得到什么。每当发现自己有消极的想法时，就把手镯摘下来，戴在另一只手腕上。这样能帮助你觉察自己的日常想法，发展积极思维，吸引想要的东西进入你的生活。

(3.7) 101 远大目标

先 给你来个挑战，这个挑战一开始可能看起来有点疯狂，我们称之为"101 远大目标"练习。既然专注于生活中的积极方面如此重要，那么你就在这个涉及林林总总的事物的挑战中练习，以便帮助你的大脑不开小差、不走偏。

那这个挑战具体包括什么呢？先写一份清单，列出 101 件你在人生中想做的事，包括想成为什么样的人或想拥有什么东西。是的，我们说的是，101 件事！乍一看这可能有点多，是个挑战，但我们保证这事做起来很有意思，回报也足够丰厚。

我们经常听到人们说："我不知道自己想要什么。"当然，我们也总是不得不接着问："你有没有认真想过你可能想要什么？"一般他们就会说："没，还真没有。"不要在没有藏宝图指引的状态下过日子。这个练习能让你有机会发现自己在生活中真正想要什么，还可以提供额外的能量和动力，帮助你发挥最大潜能，获得最大收益。

圣母大学的传奇足球教练卢·霍尔茨知道这个小小的练习可以发挥多大的作用。那年，只有二十八岁的他刚刚被聘为南卡罗来纳大学的助理教练。当时他的妻子已经怀孕八个月，他把所有的钱都用来付了房子的首付。一个月后，雇用卢的主教练辞职了，他也失业了，受到了很大打击。

妻子急于让他振作起来，给了他一本书——大卫·史密斯的《远大目标的魔力》。

书中说应该列一个长长的清单，写下在生活中想要实现的事。卢在餐桌前坐下来，边想边写，不知不觉中，他已经列出了107件他想在死之前做的事。他能想到的都写了，包括在白宫吃晚餐，在约翰尼·卡森的"今夜秀"上露面，与教皇会面，在高尔夫比赛中打出一杆进洞。到目前为止，卢已经实现了其中的81个目标，包括一杆进洞，而且还打出了两次一杆进洞，而不是一次！ [1]

"101远大目标"把生活变成了令人兴奋的冒险旅行，值得我们尽情享受。花点时间写一写你想做的101件事，想成为的人，想拥有的东西吧。写在卡片上，网页上，或写在书本上都可以，写得详细些。（我们会在第七章详细讨论这个问题。）每当完成清单上的一件事，就把它勾掉，在旁边写上"胜利"。自己看看这个简单的练习会怎样改变你的生活。

---

[1] 摘自《成功法则》，HarperCollins 出版社授权再版。

3.8 写下来，别光想

好了，说得够多了。现在进入正题吧。前文已经讨论了知道自己想要什么是多么重要，但如何去发现自己迫切渴望的是什么呢？先拿出一支笔和一张纸，找一个没有干扰的地方，留出至少二十到三十分钟。注意，这是完全属于你自己的时间。

我们在下面创建了一个独特的问题清单。如果你想让这些清单上的问题发挥最大作用，就必须忽略所有的负面想法和脑海中干扰的声音，比如"我做不到！"或者"我？好吧"。有这些想法是很自然的。有时写下脑海中的一些想法可能会让你感到不舒服。没关系，有疑问很正常，但成功的人选择——是的，这是一种选择——大胆地向前迈进。

不管你或者谁认为这些想法有多么荒唐可笑，我们还是鼓励你写下自己的想法。不要太严肃，要有趣一点儿。毕竟你写下的就是未来生活的乐趣所在。

回答这些问题的诀窍就是让你的笔一直写，不要停下来。无论想法有多小或多大，都写下来。让想法流动起来，挑战自己至少用五分钟来完成每个步骤，越详细越好。

第 1 步：情绪。 你的感觉对成功至关重要。想一想吧，如果自己感觉不好，什么事都不太可能做好。换句话说，如果情绪不对，就很难获得乐趣，享受生活。你希望自己每天都能体验到什么样的情绪或感受？希望别人如何描述你的个性，比如快乐、活泼、开朗、幽默、有创造力、热情、乐于助人、外向、勇敢？

第 2 步：物质。 这些东西不应该是我们唯一的关注点，但物质能让我们兴奋起来，鼓励我们努力工作。那么，你在生活中想拥有哪些"东西"呢？也许你想要一辆新车、大大的衣柜、杀手级音响、豪华的船、很多鞋子、一栋漂亮的房子？列出这一类东西时，要描述得非常具体。例如，如果你说想要一座漂亮的房子，描述一下是什么风格的房子，有多大，在什么位置，什么颜色的，周围景观怎样，等等。预备……开始！

第 3 步：梦想和憧憬。 在你的完美世界里，你会做什么？想去哪里旅行？想在那儿做什么？你想以什么样的方式生活？这种生活方式会涉及哪些人？你想见到谁？

第 4 步：个人。 这可能是最重要的一步，因为你是谁这个问题是你的生活质量的最大决定因素。两到五年内，你想成为什么样的人？人们会如何对待你？他们会怎么评价你？你会如何看待自己？你的穿着打扮会是什么样？你的立场是怎样的？你将代表什么？做这一步时，试试用这句话开头："两年内，我将成为那种……的人。"

第 5 步：学校和教育。 教育意味着你在为以后的成功铺路。学校的经历可能令人沮丧，收益甚微，也可能让人愉悦享受。到底是怎样的体验，这一切都取决于你。你到底想从学校经历中得到什么？你会有什么样的朋友？你和老师会有什么样的关系？你想学什么？想参加什么运动？学校课程项目你想参与哪些？

第 6 步：金钱和财务。 金钱总是一个感性的话题，但经济上成功的人对他们的支出和收入习惯总能有理性的决策规划，因为他们对自己想要什么十分清楚。那么就钱这个话题而言，你想存多少教育基金？你希望每周能有多少零花钱？你觉得过理想中的那种生活需要多少钱？

第7步：贡献和服务。 生活中最大的满足感是知道你的生活对其他人很重要。回馈和分享你的时间、才能和资源是非常宝贵、有意义的人生体验。真正成功、快乐的人都会考虑如何为他人服务。你觉得自己对家庭、学校、社区、国家有什么贡献？你如何利用自己的才华和能力来帮助别人？

以上所有列出的事都应该是让你感到兴奋、有所期待的。在生活中，我们总是需要梦想、愿景或者令人兴奋的未来，以表明我们的付出是值得的。

这个练习的目的是有意识地向大脑展示你在生活中想要什么。越清楚自己想要什么，就越有能力给大脑赋能，让梦想照进现实。大脑会自动帮助我们找到方法来实现这个梦想。在后面的章节中我们会再次用到这个练习，希望你能喜欢它！

我的待办事项清单

☑ 知道我想要什么！要意识到，人们求而不得的首要原因是他们不清楚自己想要什么。

☑ 记住，我的大脑是我内心的 GPS 系统，为了利用这一自然的内在资源，我必须先输入目的地，必须清楚我想要什么。

☑ 专注于我之所爱。如果我对自己想要的东西足够热爱，就会发现使之变为现实的方法。

☑ 永远不要放弃真正的梦想，而把精力用在实现别人给我造的梦想上。

☑ 总会有人试图说服我们放弃目标和梦想，要做好准备面对他们。立场坚定，与支持自己的人站在一起。

☑ 完成 101 件事情清单，把生活变成持续不断的冒险旅程。

☑ 完成本章的练习，写下"我想要的东西"（不要只想，要写下来）。

法则 4

知道
自己的
使命

杰出的人都有一个共同点：
有强烈的**使命感**。

——兹格·兹格拉
作家、励志演讲人

生活有时候真的很疯狂！世事变幻总是让人有些猝不及防，让人很容易被日常琐碎吞没。通常情况下，应付每天的生活日常（上学、练习、工作、打扫房间、社团会议、家庭作业、娱乐时间、听音乐等）就已经让我们精疲力尽了。你有过这样的感受吗？我们俩都有。

这是一个危险的循环，让人深陷其中。为什么这么说呢？因为你可能在某一天醒来时发现自己一直在努力工作，但最终却落到了不想去的地方。这种感觉并不好。这就像谚语说的，爬上成功的阶梯，奋力拼到顶，却发现梯子搭错了墙！

根据以往的经验，我们相信每个人出生时都有一个人生目标。而那些成功人士所做的最重要的事也许就是发现并尊重这一目标。

也许有人会说：

那是**别人**。他们的生活可能有目标，但**我和他们不一样。**

好吧，有一件事你说对了：你和他们不一样。你是独一无二的……当然你的人生目标也是独一无二的。现在不是讨论这些理由、借口的时候。这里的重点是许多人忽视了一个事实：每个人寻找人生目标的路也是独一无二的。

虽然每个人发现自己人生目标的时间点和方式都不尽相同，但有一个关键因素是一样的：发自内心去寻找和发现的渴望。

请记住这一点：如果有心跳，你就有目标。如果还活着，你能在这里就是有原因的。人们犯的最大错误之一是没能在繁忙的生活中休息一下，想一想他们为什么会在这里。终日忙于生活日常而没有停下来思考他们在生活中最想要的是什么。直到有一天醒来才发现自己对生活不满。这才是最终的失败，你绝对不想也这样。

人们总是说不知道自己想从生活中得到什么。我们问："好吧，最近一次你抽出至少一小时来思考自己想要的东西是什么时候？想一想你真正想要什么，怎么得到它？把这些一点点计划出来。"他们是怎么回答的呢？"嗯……嗯……我不知道。"事实上没有目标的生活就像在沙地上建房子一样，从长远来看，是不会成功的。这个过程当然没有说起来那么简单。但如果你有信心并愿意寻找答案，肯定会发现生活的意义所在。

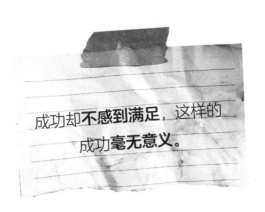

成功却**不感到满足**，这样的成功**毫无意义**。

4.1 我们来到人世间到底想做什么？

人的一生有**两个意义非凡**的日子：
一个是**出生**的那天；
另一个是我们**发现为什么**的那天。

——威廉·巴克雷
作家、广播电视制作人、教授、牧师

你来到人世间是为了做什么？如果觉得找到人生目标这事看起来太难了，别担心，很多人都觉得难。但这事不是必须难，其实发现人生目标本身应该是有趣且令人振奋的。有时候我们得先做起来，简单地确定一个现在就能激励你的目标，以这个目标为起点，慢慢地你就能捋顺了。

目标可以随时改变，这个没关系，重要的是你对目标有想法，这比什么也不知道，每天稀里糊涂混日子要好得多。

杰克：我的目标很简单：激励他人并给予他们力量，让人们在爱和快乐的环境中实现自己的最高理想。

肯特：我的目标是：帮助他人认识到他们真正的能力和潜力，为他们提供所需要的洞察力，以帮助他们实现自己的命运。

你的目标对你来说应该是独一无二的，不用很复杂，只要能激励你努力工作，成为最好的"你"就行。

* 比如，看看华特·迪士尼世界，他们的目标极其简单：让人快乐。你觉得这个目标会影响迪士尼设计游乐设施和与顾客互动的方式吗？当然会。

* 灯泡的发明者托马斯·爱迪生说他的使命是：发明人类需要且愿意为之付费的东西，这样他的发明就可以赚钱。

* 美国著名的钢铁工业家以及美国图书馆系统的创始人安德鲁·卡内基曾经是世界上最富有的人。卡内基的使命是什么？很简单：前半生尽可能多地赚钱，后半生把钱都捐出去。

如你所见，这些人的人生目标与使命是多么简单，但又是多么有力！对于许多职业运动员来说，他们的使命就是在自己的领域成为世界上最好的，并激励其他运动员突破自己的极限，不断精进。

我们两个人也都有类似的使命宣言，这让我们写了这样的书，来往于世界各地，在成千上万的人面前演讲。有意思的是，我们两个人谁也不是生来就知道会有这些确切的使命。只是我们弄明白了，我们希望过什么样的生活，然后就按照希望的那样做了。现在再来看看我们上面提到的人生目标，简单的一行字却着实塑造了我们的生活。

你的天赋才能与世界的需要相交的地方，就是你的使命所在。

——亚里士多德
公元前四世纪希腊哲学家

"我希望自己的生活是怎样的？"你不用现在就回答，但可以开始思考这个问题了。

目标指引生活。生活如果没有目标，就很容易在人生旅途中开小差走偏。确立个目标，无论多么简单，都能帮助你做出决定，因为每次做决定时你都要衡量是否与自己的目标一致。

莫妮克，16 岁（加利福尼亚州，文图拉）：我也写过人生目标，但写的时候并不清楚这到底有什么用。后来我遇到了比较棘手的问题。如果是过去，做个决定我可能会花很长时间。但现在只要看一眼人生目标，我就知道必须怎么做了。有了目标我就可以把自己的选择与之比较，这样就会更清楚哪个决定能让我更接近自己真正想去的地方。现在对我来说，做决定是件比较容易的事了，我不再感到困惑和内疚。

④.2 重点是什么?

人生看起来像一个漫长的旅程。然而，即使是最长的一生也是由一天一天组成的。正是我们在这些日子里所做的事情，最终塑造了我们的生活。

那么这些日子里我们都干了些什么呢? 上学、运动、工作、乐队练习、跟朋友出去玩、旅行、庆祝节日、与家人共度时光、通电话、上网，等等。许多人习惯于日复一日重复这些规定动作，却不去考虑他们在做什么，为什么要这样做。

当然，这些人中的大多数人都活了下来，相安无事地过着日子。但我们并不希望人活着仅仅是"生存"；我们要做的是让自己的生活更美好。如果我们养成习惯，花点时间停下来想想我们在做什么，为什么要这样做，就可以做得更好，更有效率，对生活更满意。

例如，许多学生去上课只是因为"他们不得不这样做。"然而，我们见过的每个成功的学生，他们去上课可不只是为了在课堂上"露一下脸"。每天走进教室的时候，他们都有一个明确的目的。与一般学生被动接受上课不同，顶尖学生会问自己："我今天能学到什么，这些知识如何让我的生活变得更好?"

这两类学生的想法看起来似乎差别没有那么大，但顶尖学生的大脑始终在积极参与并寻找新的信息，而不是被动地"出现"在教室里。因此从长远来看就会有很大的不同。

在体育方面也是如此。有的人只是出现在训练场上，有的人则是带着目的而来："我知道我所做的一切都很重要，所以在这次训练中我要全力以赴，这样在本赛季的每场比赛中我才能发挥出最佳水平。"你觉得这种态度会对运动员的表现产生影响吗？肯定会！

即便只是和朋友一起出去玩，参加一个社交活动，或者要打电话的时候，也要问问自己："我为什么要这样做？我想达到什么目的？我想让这些人知道什么？"也许你的目的很简单，只是"想玩玩，交个新朋友"，或者"只是想让朋友知道，我很重视我们的友谊"。尽管很简单，有目的总是要比啥也没想就去了要好。

马蒂，16岁（亚利桑那州，弗拉格斯塔夫市）：以前我觉得上课时间就是社交时间：来到课堂，跟同学聊聊，交换一下笔记，第二天重复相同的事。我从来没有想过这有什么问题。直到看到有人说无论做什么，一定要有具体的目的时，我才恍然大悟。从那以后，每次走进教室前我都会问自己："我想完成什么？"我现在看待事物的方式与过去大不相同。如果我想要去某个地方或做什么事，我可能同时要考虑如何让自己受益最大。仅仅是事先想清楚自己想要什么，就让我觉得有了从未有过的自律。

只要能引导自己的注意力，让思想参与进来，你就会好很多。无论是规划生活路线，还是一项简单的日常，知道自己想要的确切结果，以坚定的决心采取行动，你就更有可能得到想要的结果。而你也会因此变得更加快乐，更有效地管理自己的时间和精力。

朱莉·莱普利在一切还没那么晚的时候改变了自己的人生路线，这对她来说真的很幸运。朱莉小时候很喜欢动物。她所听到的都是"朱莉，你应该成为一名兽医。你会成为一名伟大的兽医"。所以在被俄亥俄州立大学录取后，她的道路似乎很明显：学习生物、解剖和化学，然后当一名兽医。

后来她获得了扶轮社大使奖学金，有机会到英国曼彻斯特学习一年。在异国他乡远离了家人的压力后，朱莉有时间去思考了。一天，她坐在书桌前，周围满是生物书。她盯着窗外，突然觉得："悲惨至极。为什么我这么惨？我在做什么？我不想成为一名兽医！"然后朱莉问自己："我到底喜欢什么样的工作？什么事能让我心甘情愿地做而不计较得失？"她把所有做过的事情都想了一遍。"哪件事让我最快乐？"她发现所有这些事中，最让她开心的是给青年领导力会议当志愿者，以及选修通信和领导力课程。

"我怎么会这么无知呢？大四了才终于意识到自己走错了路，选得不对。但其实正确的路一直都在我面前，只是直到现在我才花时间去正视它。"

终于找到了真正的目标，朱莉兴奋不已。在英国的这一年时间里，她学习了通信和媒体表演课程。回到俄亥俄州立大学后，朱莉最终说服学校同意她转到领导力研究专业。尽管多花了两年时间才毕业，但她后来成了五角大楼领导力培训和发展方面的高级管理顾问。

与此同时，朱莉还赢得了美国弗吉尼亚小姐大赛，并成为纽约电视节目的主持人，这让她有机会作为一个积极的领导者和榜样进一步发挥影响。

有了专注于目标而获得成功这一经历，朱莉现在是一位专业演讲人，在全国各地为青少年讲解如何通过成功的选择引领自己的生活。最近，她还启动了自己开创的女孩指导计划"Be-YOU-tiful"（"做自己才更美"），该计划教导年轻女性如何通过关注自己的独特优势成为领导者。哦，顺便说一下，这些事朱莉在二十几岁时就都完成了。这是一个鲜活的例子，说明找到人生目标真的可以改变生活，也可以影响周围人的生活。

但是，等一下！这里还有一个好消息：你不必非要去英国一年，远离日常压力，才能发现自己的人生目标。不过你确实需要一些时间来思考。记住，现在你应该开始为以后做积累了，别等明天，别等下周，当然更不是十年后。越早这样做，你就能越早拥有真正想要的生活。

4.4 激情与目标

么才能知道我做了应该做的事？又怎么能知道我什么时候找到了目标？"

要回答这些问题并不需要计算器进行精细计算。答案并没有那么复杂。其实很简单，看看自己

每天高兴的时候有多少，你就会知道自己是走在践行人生目标的路上还是离目标越来越远。生活中能带给你最多幸福感的事往往就是帮助你确定目标的重要线索。

提示： 要想确定目标，首先要列出让你感到最快乐、最富有激情和最有活力的时刻。这些经历有什么共同点？你能想出以做这些事为生的方法吗？

帕特·威廉姆斯做到了。帕特是奥兰多魔术队的高级副总裁。他还写了 50 本书，是一名专业演讲人。当我们问他成功的最大秘诀是什么时，他回答说：

尽可能早地找出你**喜欢做**的事情，然后以这些事为中心安排自己的生活。想方设法**以做喜欢的事谋生**。

乔纳森·温德尔从小就喜欢参加体育竞技，还热衷于玩电子游戏。在这两方面他都表现得很出色。后来听说有一个专业的电子游戏比赛，他就兴奋地报名参加了。比赛的最终成绩不错，他决定要更认真地对待游戏这件事。别人都觉得他疯了，竟然一门心思搞起游戏来。但他还是追随了自己的激情和梦想。从第一次比赛到现在，七年过去了，乔纳森已经二十六岁了。最近在纽约的一个电子竞技比赛中他得了第一名，收获了奖金十五万美元。在过去的七年里，他一共赢得了十个世界冠军！

乔纳森因为热衷于电子竞技，发现了自己的人生目标。后来他成立了一家名为华拓帝（Fatal1ty）的公司，生产新的游戏装备，帮助其他玩家在提升游戏体验的同时表现得更好。

大多数人都说不可能做到的事情，乔纳森却以之谋生了。他追随自己的激情，发现了人生目标，也帮助成千上万的游戏玩家享受他们的激情。你永远不知道激情会把你带到哪里。乔纳森会第一个告诉你，追随你所热爱的东西才能找到人生目标。

4.5　我的目标是什么？

人生的目标就是过**有目标的人生**。

——罗伯特·伯恩
象棋冠军、报纸专栏作家

现在就开始设计你的人生目标吧。不需要分析，只要有创造力就行。让你的想法流动起来，享受其中的乐趣。

第1步：哪些具体的词能激发你的情感？哪些词对你有吸引力？把它们列在一张纸上或日记中。

例子：勇气、创造力、命运、权力、能量、热情、自由、感恩、快乐、帮助、激励、旅程、领导、爱、激情、玩乐、有力、服务、真诚、成功、支持、振奋等。

注意：你之所以觉得上面这些词有吸引力是有原因的。你认为自己为什么要写这些词？在最后一步把这些词句整合成人生目标时再看看这个清单。你可能要用到其中的一些词。

第 2 步：有哪些你喜欢的名言或短语？（不需要写得跟原文一字不差，只要写下基本概念即可。）你喜欢这些名言或短语的什么？这里面的关键词或主要意思是什么？（这些语句能展示出你支持的以及能激励你的东西。）

第 3 步：用两个词来概括你所写的每一句名言或短语。这些话释放的真正信息是什么？

第 4 步：列出一些你独特的个人品质。

例如：注重细节、同情心、创造力、沟通技巧、果断、热情、快乐、倾听能力、领导能力、组织能力、乐观主义、坚持不懈、机智的幽默感，等等。

第 5 步：列出你最喜欢的能表现出上述品质的几种不同做法。一般做什么能体现出你的这些品质？

例如：

我支持他人。

我激励别人努力工作。

我自信地做出决定，并担任领导角色。

我花时间倾听、理解他人。

我不放弃。

我专注于生活中积极的事情，努力让别人快乐，做一个真正开朗的人。

我耐心体贴地辅导其他学生。

第 6 步：看看你在第 1—5 步所写的内容，将这些词、短语和想法组合成几个不同的句子。不用担心句子意思是否流畅，只要写下句子和想法就行。

下面是其他学生的一些例子：

❋ 我用我的创造力和幽默感向别人展示生活的乐趣。当别人快乐时，我也会感觉更好。——肖恩

❋ 当我组织小组讨论或活动时，我的注意力最集中，决心最坚定。我喜欢做决定，喜欢掌控局面。——谢拉

❋ 当我画画或者在户外时，我是最快乐的。大自然对我很重要。我想在我的艺术创作中表达这一点。——乔斯林

第7步：最后一步！修饰完善在第6步中所写的内容，将这些句子或想法整合起来。这就是你人生目标的初稿，可以是几个句子，也可能只有一句话。记住，我们的目的是写一些能激励你、能代表你想成为的那类人的话。

以下是步骤6中学生想出的内容：

❋ 我的目标是让人们发笑，让他们感觉良好，这样他们就能享受生活，找到自己的目标。

❋ 我的目标是成为一名领导者。通过帮助他人实现目标，我也实现了自己的目标。在生活中我要有同理心，要正直。这样我才能成为一个好的领导者榜样。

❋ 我的目标是用绘画赞美自然，进而保护环境。

请记住，这个目标不会一直刻在你的心里而不可更改。随着生活经历的丰富和个人的成长，你可以随时修改目标宣言。这个宣言能帮助你做出重要的决定，而这些决定将塑造你的性格和你的生活质量。

(4.6) 将目标付诸行动

确定你的主要人生**目标**，让生活中所有的事都
围绕这个**目标**展开。

——布莱恩·特蕾西
作家、励志演讲人

生活有目标是极其重要的。有了目标你就有了一个能指导
你整个人生的内部 GPS 系统。但是，写下目标宣言后最
重要的事也许是将其付诸行动，并按照它生活。

问： 如何确保你时刻记得自己的目标宣言？

答： 没有对每个人都适用的统一的答案，但我们有些建议可供大
家参考。

❋ 把目标宣言写在一张纸上，也可以用电脑打字并打印出来。

❋ 把这张纸贴在你房间的墙上、桌子上、日记里。总之，放在你
肯定会经常看到的地方。也可以花点心思想想怎么把你的目标
呈现出来，然后裱起来。

❋ 把目标做成电脑屏保，这
样你就能时不时地看见它
在屏幕上闪烁，或者把它
变成电脑桌面。

❋ 你还能想出别的什么办法？

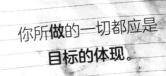

你所**做**的一切都应是
目标的体现。

注意： 可能你需要更多的时间来思考目标宣言。没问题。但我们建议你在进入下一章之前，先写下点什么，什么都行！然后再继续。哪怕只有草稿也行，不用非得是最终敲定的内容。

要保证你所**做的事**与**目标一致**。

——莱昂纳多·达·芬奇
十六世纪的科学家、数学家、发明家、艺术家

如果你所做的都是在践行自己的目标，一切都会顺理成章。要是有什么事不符合实现目标的既定路线，也不能帮助你成长，那就不要做。当发现自己处在一个岔路口，不确定该怎么做时，看看你写的目标，看哪种选择最符合它。这样曾经困难的决定就会变得清晰多了。

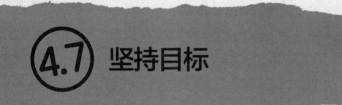

(4.7) 坚持目标

如果有额外帮助，坚持目标是比较容易的。比如，每天早上你可以重新读一读自己的人生目标，这样做就是在帮助自己保持专注，让自己一整天做的事都与目标一致。

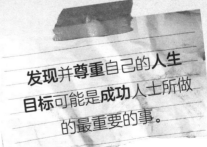

发现并**尊重**自己的**人生目标**可能是**成功人士**所做的最重要的事。

乔斯林，17 岁（纽约州，奥尔巴尼）：我是一个艺术家，所以我不用语言来思考，我想用其他方式来提醒自己坚持目标。我随手拿起纸随意地画起来，等画出一个能代表我目标的符号，我就把这个符号放在我每天能看到的地方。它提醒我应该做什么。

STAY ON PURPOSE

提示： 读到后面章节时，记得再回到这一章，进一步确定你的愿景和目标。重新审视你所写的内容，确保这些内容仍然能激励你。你也可能会增加或删减一部分内容。

有了目标，生活中的一切似乎都会水到渠成。"有目标"的意思很简单，就是指你在做自己喜欢的事、擅长的事，成就对你来说很重要的事。

我的待办事项清单

☑ 要认识到，我们都有目标。至于什么时候，以什么方式发现自己的目标，每个人都是不一样的。

☑ 留出一些时间（即使是在非常忙碌的时候），想想自己最想从生活中得到什么。

☑ 感恩构成生命的每一天，以及每天做的许多事情。

☑ 制定一个自我激励的人生目标。

☑ 要明白，人生目标不需要很复杂。简单的也可以，只要它能让我兴奋。

☑ 写下人生宣言，想想有什么办法能让自己每天都能看到它，最好是早上读一读。

☑ 请注意，如果不事先思考并制定一个与自己价值观相符的目标，我就有可能即便成功也觉得内心空虚。

☑ 想一想最开心的时候，看看这些时刻是否暗示了我的真正目标是什么。

☑ 在阅读这本书的后续章节时，重新回到这一章，修改我的人生宣言，以使宣传能更贴切地反映我是谁。

法则 5

看见
最好的
才能成为
最好的

悲观者在每个机会中都看到困难；
乐观者则在每个困难中都看到机会。

——温斯顿·丘吉尔
前英国首相

我们经常遇到这样的人，他们有一大堆理由来解释为什么自己不能成功。这些原因通常可以追溯到一个潜在的信念：他们觉得自己最终注定要失败，因为每个人、每件事都在与他们作对。

千万富翁、《成功》杂志的前出版商克莱门特·斯通，曾被认为是一个"逆向偏执狂"。他不相信这个世界在破坏他的梦想，相反，他选择相信世界正试图帮他实现梦想。对于困难和挑战，他也没有什么负面情绪，而是把它们看成可以增强自己能力并帮助他实现目标的事。

这是多么积极的信念啊！想象一下，如果你觉得全世界都在帮你，告诉你有哪些新的激动人心的机会，那成功将是多么容易的事情。其实成功人士就是这样做的。他们总是寻找最好的……你猜怎么着？最好的就出现了。

> 我从来都**不偏执**、极端。
> 我觉得每个人都是来提升我幸福感的。

——斯坦·戴尔
作家、人类意识研究所的创始人

但是要小心，这个过程也可能是反向进行的。如果你预期最坏的情况会发生，或者你预期人们会阻止你过上最好的生活，那么你也恰恰会经历这些。人的大脑不喜欢被证明是错误的，所以它会寻找证据来支持你的信念和期望。（还记得"相信一切皆有可能"法则中布里安娜的故事吗？也就是关于她的期待和数学课的事。嗯，这里说的跟这个故事一样。）如果我们期待最坏的情况发生，就总能找到负面的反馈。而如果负面情绪不断，我们肯定不会有什么成就，也不会很快乐。

(5.1) 找一找你总会找到的

你的家人或者你认识的人最近买新车了吗？或者一辆你非常喜欢的新车刚刚上市。你有没有注意到，同样型号的汽车似乎在你周围到处都是？这就是我们所说的"新车综合征"。之所以有这个现象，是因为我们的潜意识一直在寻找它。我们在不知不觉中寻找着那辆车。而你猜怎么着？我们总会一次又一次地找到它。

不仅仅是汽车，类似的情况在其他任何事上都可能发生：数字、人名、手机型号，甚至好人好事都能一找一堆。不信的话哪天你也来试试：在每一类事物中都找最好的或最独特的！我们确信你会找到它。（哦，如果确实有效，不用试着做一天就停下来，可以接着每天都做，这样也没什么坏处，非要说有什么副作用的话，就是你会获得更多的快乐和感激。这不是啥坏事吧？）

如何应用这一法则呢？这里有一些简单而实用的方法：

※ 如果你要做一个演讲，不要假设观众希望看到你搞砸了。要假设他们希望看到你表现出色，希望你在舞台上获得乐趣。

✳ 如果你的车在路边抛锚了，而此时路过的一个陌生人停下来要帮忙，别把他想象成一个要伤害你的连环杀手，而是把他看成一个真正的好人，单纯地想要帮助你。他这么做也许是因为一年前当他的车坏在路上的时候，有人同样帮了他。

✳ 如果一个朋友搬走了，与其认为你注定要过上孤独绝望的生活，不如把它看成生命中有了一个新的空间，可以结识另一位好朋友。而你也会有一个新的地方去参观并看望一个老朋友。

在上述所有情况中，好的方面当然是有的。当然，有时候我们也得小心谨慎，这也很重要。但既然我们在每种情况下都有选择，不妨选择积极的那面，并期望一切都能顺利进行。其实这完全取决于你想要什么。想一想吧：在你的生活中，有没有发生过什么不好的事情，但后来却变成了好事？当然有。

有时我们听到人们说："现在这种情况确实很糟糕，但等有一天我们回过头来看，就会笑了。"我们总是问："为什么不现在就笑一笑？"与其在未来几周都十分沮丧灰心，为什么不停下来，从当前的状态中抽离出来，问问自己："这件事有什么有趣的和有益的

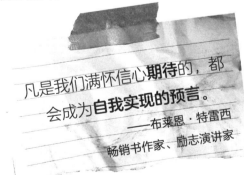

凡是我们满怀信心**期待**的，都会成为**自我实现**的预言。

——布莱恩·特雷西

畅销书作家、励志演讲家

地方？"这么做的实质就是重新调整你的注意力。但我们也不是要你盲目乐观，乐观到无知的地步。该吸取教训的吸取教训，然后继续生活！不要把生活看得太严肃。要愿意享受乐趣，学会自嘲。幽默和（健康的）乐观是每个人都应该培养的重要品质。

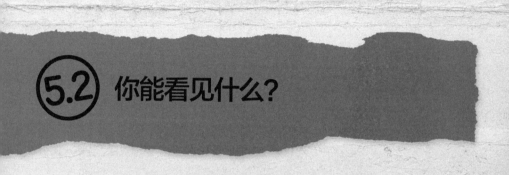

5.2 你能看见什么？

每一个负面事件都蕴含着等量或更大的有益之处。

——拿破仑·希尔

杰克：当我工作的公司意外关闭时，我觉得自己的世界结束了。在那之前，我所得到的是无限的支持。和一群聪明且积极向上的年轻人一起工作是多么令人兴奋，我真的很喜欢这个工作。然而突然间，这一切都结束了。

起初，我对这件事感到非常不安，但在芝加哥参加克莱门特和杰西·斯通基金会的研讨会时，我跟当时的会议负责人说了自己的遭遇。他恰好是该基金会的副主席。结果他为我提供了一份工作。而且更棒的是，他们甚至给了我更多的钱、无限的预算，以及参加任何我想参加的研讨会或会议的机会。现在我直接与克莱门特·斯通合作，是他把这些成功法则介绍给我的。如果之前我没失业，就不会有现在的这本书，当然也不会有今天的我。

当你以积极的态度生活时，生活也会让你意想不到。有时我们看似面临危机，但它可能真的只是生活中的一个重要转折点。当"坏事"发生时，记住什么事都可能有更好的一面在里面。

试着去看事情积极的一面而不是消极的一面。如果你确实在寻找并期待积极的那面，无论此刻情形看起来有多么严峻，总是会有一些积极的东西出来。……问问自己，"这件事有什么益处？"如果不能马上想出答案，再问一次……再问……接着问。保持开放的心态，你一定会找到答案的。

事情最好的结果是为那些尽最大努力成事的人准备的。

——约翰·伍登
可以说是历史上最成功的大学篮球教练、作家、演讲家

卡拉，30 岁（华盛顿州，温哥华）： 我不外向也不自信。大多数人都会说我很害羞，至少和我姐姐梅林相比是这样的。她比我大 39 秒，虽然她是我的同卵双生姐姐，我还是很仰慕她。她很自信，很幽默，非常有魅力。每个人都喜欢她。

但在我们 18 岁生日的第二天，一切都变了。她的新男友去商场接她回来，我开车跟在他们后面。他想和我赛车，我拒绝了。然后他飞快地从我身边开过，结果车子失去控制，撞上了另一辆车。我惊恐地看着救援人员试图拯救我的姐姐，但他们无能为力。那天，我的朋友，我的榜样……我的姐姐去世了。

我想醒来，假装这只是一场噩梦。这事怎么会发生在我身

上？发生在我的家人梅林身上？没有她，我怎么活下去？

几个月过去了，我不相信姐姐的死会带来什么益处。我整天想的都是我们永远不能再在一起做什么了；她的死真的让人难以接受；还有，她走后我的生活将永远没有意义。只要我天天这么想，我就不会发现任何积极的东西。最终我明白了，除非我改变对这件事的看法，否则一切都不会变。后来我改变了自己关注的东西，尽管这很难。我开始寻找与这件事有关的任何积极因素。几个星期后，我开始从不同的角度看待这件事。我意识到，姐姐应该会希望我做点什么来防止同样的事情发生在别人身上。我感到了一种使命感，于是我开启了一次任务旅程。

第二年，我把恐惧放在一边，申请在我们的高中毕业典礼上发言。我讲述了姐姐去世的整个故事，同学们和老师们都很受感动。他们建议我到其他学校讲讲，于是我就去了。后来我收到了来自全国各地的学校的邀请，学生们的来信也开始不断涌来。这很不可思议。迄今为止，我已经向四个国家的一百多万名学生做过演讲了。我的信心得到了极大的提升。在这个过程中，我所做的也确实对人们产生了一定影响。现在的我与十年前完全不同了。但这一切的开始都源于我在一个悲惨的情况下寻找可能的最佳结果。虽然听起来很奇怪，但如果你态度正确并选择一个积极的焦点去关注，那么看似糟糕的事也能出现好的结果。

我们相信你在回想自己的生活时，也会有感觉是世界末日的时候，比如你不得不搬家；撞坏了车；没有选到你想要的课程等。但后来你明白了这些其实也都可能变成好事。

让坏事变好事的诀窍是，要意识到无论你现在经历了什么，将来都会有更好的结果。所以要在柠檬中寻找柠檬水。越早开始寻找好的东西，你就会越早找到它。如果你期待好东西的到来，那么等待它的过程就少了许多不安和气馁。

5.3 寻求最佳，创造新机

马特·柯林斯十六岁时遇到了让自己伤心透顶的事，但他的乐观和毅力带给他完全不同的结果。以下是他的故事：

我在阿纳海姆的埃斯佩兰萨高中上学。我很高兴能来这儿，因为我们学校有加州最好的棒球课程之一。

赛季开始前，我和教练谈了一次，他说我在投手位置上没有机会上场。

作为一个投手上不了场，我很受打击。在这之前，我曾参加过许多竞争激烈的联赛，也喜欢做一名首发运动员，但现在我要被裁掉了。

我没有生气或失望，而是开始思考。我想知道我真正喜欢棒球什么。可能我最喜欢的还是队友们的友情。我决定接受教练的安排，但我并不想因此而气馁。

第二天，我又跟教练谈了谈，告诉他我是多么喜欢棒球，想继续参与这个项目。他想了一下，问我是否愿意做球队的侦查员。我要做的就是观看下周与我们比赛的那些球队的比赛，把它们的比赛实况录下来，找出并记录我们可以用来击败它们的不同策略。

我接受了这份工作，并尽我所能地完成了。我记录了每个击球手和每个投手的表现，以及他们的优势和劣势。每周我和队友们都在会所见面，我们一起回顾我收集到的所有信息。我们的球队准备得非常充分，他们也十分期待我的报告。我已经成为球队不可或缺的一部分。这个机会是我自己创造的，因为当初我没有放弃。

就这样，我和球队一起努力合作，最终在 CIF 季后赛中一直打到了半决赛。在年终晚宴上，教练们把我叫到台上，他们在演讲中讲述了我对这项运动的热爱，他们对我态度的赞赏，以及我如何利用自己的才能帮助整个球队取得了成功。

那年我过得很开心。现在回想起来，我仍然能看到那个积极态度下的决定如何改变了我的一生。直到今天，我仍然会顺便去看看教练们。我们是一辈子的好朋友。

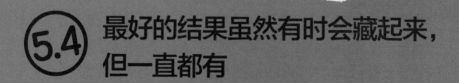

5.4 最好的结果虽然有时会藏起来，但一直都有

如果生活**给你**一个**柠檬**，挤一挤，**做成柠檬水**。

——克莱门特·斯通
白手起家的千万富翁、《成功》杂志的前出版商

象一下，你的飞机被击落，然后你成了战俘。在全世界最简陋、最恶劣、最折磨人的条件下，足足做了七年的战俘。嗯，杰里·考菲上尉不用想象，因为这是他的亲身经历。殴打，营养不良，单独禁闭好几年……但如果

你问他对这一经历的感受，他会告诉你这是他最有力的人生蜕变。

第一次走进牢房时，考菲上尉并没有抱怨或者唉声叹气、怨天尤人。相反，他问自己："我怎么做才能让这段经历变得对我有利？"他告诉我们，他决定将其视为机会而不是悲剧，一个了解自己和上帝（他唯一要花时间与之相处的两个对象）的机会。

考菲上尉每天花很多时间思考生活。渐渐地，他看清了自己生活中那些行得通或行不通的生活模式。一点点地，他把自己分析得很透彻，第一次从深层次上了解了自己。他完全接受了自己，进而对自己和人性产生了深深的怜悯。因此，他是我们见过的最明智、最谦虚、最平和的人之一。

当然，他承认再也不想有这样的经历了，但同时他也说自己不愿意拿这段战俘经历与别的经历交换。因为正是这一经历才让他成为今天的自己。考菲上尉相信，在任何情况下都能找到"好"的一面。他的经历证明了他是对的。如果你相信每个人、每件事在你的生活中出现都是有原因的，那么无论遇到的事多困难，挑战多么大，你都会把每一件事看作让你更强大、更睿智的机会。你会发现生活中的每一步都是可以向着梦想迈进的。

提示 1： 做一个小牌子或海报，写上下面这个问题："这段经历给我提供了什么潜在的机会？"然后把牌子放在你的桌子上或电脑上方，这样就能时时提醒你去寻找每一件事里好的一面。

提示 2： 虽然有点老套，但这个方法确实有效。你可以重复类似下面的这句话来训练自己识别最好结果的能力。"我相信这个世界正在给我所需的经验，让我成为最好的自己。"这句话一开始听起来和感觉起来都很奇怪，但如果你经常这样做，你就会发现它有多么强大。

　　什么方法适合你就用什么，但一定要努力在每种情况下寻找最优方法。能够发挥自身潜力的唯一方法，就是你能够从生活每天给予我们的所有经验中看到积极教训。你得看到最好的才能成为最好的。

我的待办事项清单

☑ 在每一种情况下寻求最好的一面，直到成为一种习惯。

☑ 记住，一个看似消极的经历所包含的益处可能不会立刻呈现出来。但如果我们努力寻找积极的一面，总会找到它们。

☑ 要知道，我们的大脑会寻找它所相信的东西，因为它不喜欢被证明是错误的。这就是为什么期待最好的结果并寻找积极的信息是很重要的。

☑ 定期问自己这些问题："在这件事中有什么我还没发现的益处？"或"这段经历为我提供了什么潜在的机会？"

法则 6

释放
树立目标的
能量

> 我们每个人的**心中**都有**一团火**，我们**生活的目标**就是找到它并让它继续燃烧。

> ——玛丽·卢·雷顿
> 美国体操运动员，第一位获得"奥运会全能运动员"称号的非东欧国家女性体操运动员

别担心。本章要讲的内容不是我们通常所说的"设定目标才能成功"那样的演讲。

肯特： 在我成长过程中，许多人告诉我要"明确自己想要什么，然后制定一个具体的、可衡量的目标"。好吧，这可能是个好建议，但我听了太多这样的建议，听得想吐，本能地拒绝。后来一听到类似的话我就无奈地翻白眼或完全不理会。但这个话题终归是逃不过的，在我与别人的谈话和我读到的所有书籍中都会提到目标的事。

有一天，我实在受够了到处看到、听到"设定目标"，也不断有人告诉我"你就照着做吧！"那天我终于决定试一试，看看它是否真的有效。我把所有能想到的都写了下来，把它们整合成一个目标。令我惊讶的是，无论是学业、体育还是生活的其他方面，我都开始表现得出色起来。我的生意发展很快，最重要的是，我变得更加自信。因为我的目标结果是明确的，我能看到自己一步步的变化。写下一个目标，一些无法解释的事就发生了。这事就是这么奇妙！而我所接触到的每一个设定过目标的人也都这么说。

很简单，这可能是这本书中最重要的一章。一定不要错过哦！其实目标设定是在给你机会去提前创造未来。这多酷啊！

6.1 清晰就是力量

大脑有一个寻求目标的机制。换句话说，为了最大限度地发挥自己的潜能，我们需要令人兴奋的理由来努力工作，保持专注，每天早上从床上爬起来。就像自行车一样，我们也必须朝着一个目标前进，才能一直立在地面上向前行驶。否则，我们就会跌倒，迷失方向，变得沮丧，最终失去继续前进的动力。

设定一个目标后，你的大脑就开始了工作模式，日夜不停地想出各种办法来实现这个目标。但就像内在的 GPS 系统一样，我们先得有一个目的地，才能让这种独特的能力发挥作用。

为了确保释放你所有的潜力，目标必须是可衡量的（数量上，如页数、磅数、美元、点数等），而且必须有具体的时间节点和完成日期。这里有两个例子，看看哪一个更好？

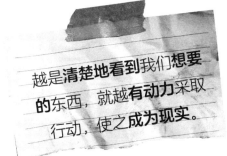

越是**清楚地**看到我们想要的东西，就越**有动力**采取行动，使之成为现实。

a）我要获得好成绩。

b）在 2008 年 6 月 12 日那天，我将在_____（列出课程）中获得 A，GPA 为_____（注明平均分）。

如果你选择"a"，请仔细阅读本章。如果你选择"b"，我们祝贺你。选项 b 的例子更有力，因为我们清楚地知道要做什么，在什么期限前完成。下面是另一个例子：

a）6 月 30 日下午 5：00 前我要把体重控制在 135 磅。

b）我将减掉 10 磅。

没错，你猜对了！答案是"a"。制定目标时尽量把涉及的各个方面都写具体，比如品牌、型号、年份、功能、尺寸、重量、形状、质地……任何具体细节都要写

清楚。记住，模糊的目标产生模糊的结果。例如，如果你的目标是"我要减肥"，那么即使减掉一磅，你仍然可以实现目标。但这个结果不会改变你的生活。

那些希望有更好生活的人和那些实际拥有更好生活的人之间有很大区别。只要听听他们怎么说话你就知道区别是什么了。如果没有衡量标准，那它就不是一个目标，而只是你想要的、希望得到的或喜欢的东西……实际上那只是一个"好主意"。但是如果你想让大脑帮你创造更好的生活，那这个目标必须是具体的。你的目标一定要能回答这两个问题：到什么程度，以及什么时候。

好主意	赋能目标
我希望有更多的朋友	到 2008 年 8 月 20 日，我将加入两个俱乐部、组织或团队，让自己身边有几个志同道合的人
我想要一辆车	到 2008 年 1 月 1 日，我将拥有一辆银色的 2001 年款大众捷达汽车
我想在体育方面做得很好	到 2008 年 11 月 15 日赛季结束时，每场比赛我都要得 10 分，并被选为我所在球队的 MVP
我想要更多的零用钱	在 2008 年 6 月 1 日之前，我将申请八份工作，每份申请我都要打一个电话跟进后续情况

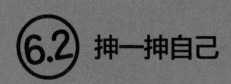

6.2 抻一抻自己

向着**月亮**出发！即使最后没能达成所愿，也会**落在星星上**。

——佚名

你

想重读小学三年级吗？如果你会游泳，还会去上游泳基础课吗？如果考试得了一百分，你还会重考这门课吗？不可能！为什么？因为你知道这些事你都能做，没有任何挑战。同样，看到人们写出没有挑战性的目标，我们也觉得很遗憾。

诚然，有时候从真实简单的目标开始也不错，但我们的目标总得有点难度，像皮筋一样抻一抻，我们才能成长。需要成长才能实现的目标对我们是有帮助的。如果设定的目标让我们有些不舒服也没有关系。为什么这么说呢？因为制定目标的最终目的不一定只是为了得到一个结果，更多的是为了塑造我们的性格，帮助我们精进成长。

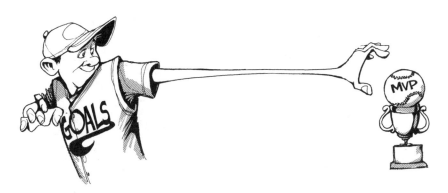

在追求目标的过程中，我们能成为什么样的人才是最重要的。远大目标有助于我们获得新的技能、拓宽我们判断未来的可能性的视野、建立新的关系、学会克服恐惧、发现自己真正的能力。这才是令人兴奋的地方！

没有目标你永远也不会知道自己会怎样。那该是多么遗憾的事情啊！设定远大目标并为之努力，往往最终惊讶的是我们自己。到时候你可能会说："哇，那是我吗？我做到了？太酷了。"或者"天哪，我都不知道我能做到！"总之，目标要贴合实际，但也要确保有挑战性。这个分寸不太好把握，但只要不犯低估自己的致命错误，你肯定会知道什么目标适合自己。

梦想是你对自己未来**生活**的**创造性设想**。
必须**打破**目前的**舒适区**，
让自己对**不熟悉**和**未知**的事物**适应**起来。

——丹尼斯·韦特利
高效能、高成就方面的作家、演讲家

不久前，我们采访了一个不可思议的人——迪安·卡尔纳茨。他是国际畅销书《超级马拉松人》的作者，他也被许多人认为是世界在世的最健壮的人。我们觉得他的故事很有启发性。他知道什么样的目标才能"抻一抻"自己。我们让迪安自己来讲讲吧。

"我厌倦了过那种人人都说我'应该'过的生活。所以有一天，我决定开始按照自己的意愿生活。一天的工作让人压抑，沮丧，喘不过气。所以下班回到家，我穿上跑鞋，开始跑步……一直跑，

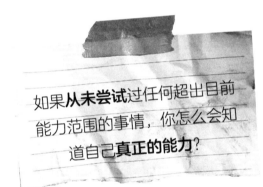

如果**从未尝试**过任何超出目前能力范围的事情，你怎么会知道自己**真正的能力**？

一直跑。这种自由的感觉真好。这是我十年来第一次跑步。而我一口气跑了三十英里，中途没停过。是的，我重新发现了许久以前的激情，而且感觉非常好。我设定了一个目标：以跑步为生，养活自己和家人。我不知道该如何做到这一点，但有一点是肯定的：我铁了心要这么做。

"每天我都努力训练，保持体形。既然想成为最好的自己，就必须设定一些真正的大目标。所以当时我的几个目标是：

❋ 在 120 华氏度的高温下跑完 135 英里的超级马拉松，穿越死谷 ①。

————————
① 死谷位于美国加利福尼亚州与内华达州交界处。——译者

❋ 游过旧金山湾。

❋ 参加恶水超级马拉松赛（世界上最艰难的步行比赛）。

❋ 在零下 40 华氏度的环境下参加马拉松（超过 26 英里），到达
   南极。

"同样，我不知道自己该如何完成这些目标，但它们肯定会激励我
刻苦训练。现在我已经完成了所有这些目标，真的非常感恩。在完成这
些目标后不久，我又制定了我最大的目标之一：在连续 50 天内，在 50
个州跑 50 个马拉松。以前没有人做过这样的事情，所以说实话，我有
点紧张，也有点怀疑自己是否能做到。我甚至不知道人类的身体条件能
否达到这些极限。但如果想知道就只有一个办法……所以我开始训练，
准备全力以赴。

"我在一年前完成了这个目标，感觉非常好！但对我来说，生活并
不全是为了完成目标。当然，成功的感觉很好，但对我来说，最大的收
获是我更多地了解了自己和我的能力。我从一个被困在无聊工作中的人
变成了一个实现自己梦想的人！现在想想，如果当初我没有设定能真正
挑战自己成长的大目标，就永远做不到这一切。

"唯一的遗憾是我没能在人生的早期就这样做。现在我来给你提个
挑战吧：给自己设定一些大目标，突破你的舒适区。生命太短暂了，不
能总是一直舒适安全，追逐小梦想。只管去做吧！可能到最后你也会像
我一样对自己感到惊讶。只有踏出未知的一步，抻一抻自己，才能发现
你真正的潜力。"

不要把你的目标揉成一团纸放在背包里，埋在活页夹里，或者放在桌子上积灰。它们也需要一些爱护。一旦写下所有的目标，无论大小，下一步要做的就是每天回顾你的清单，重新激活你的热情和创造力。

带着激情和热情，大声读出清单上的内容，一次读一个目标。闭上眼睛想象每个目标已经完成的样子。如果每个目标你都完成了，会有什么感觉？这听起来可能有点"做作"，华而不实，但心理学家已经证明了这是有效的。他们把这个过程称为"结构紧张"。简单地说，它是这样工作的：你的大脑想要缩小你目前的生活与目标生活（你所希望的生活方式）之间的差距，所以它总会寻找各种方法。

我们的大脑能力惊人。问题是，大多数人感觉生活"停滞"或对自己的生活不满意，是因为他们没有给大脑赋能来改变现状。没有把自己的生活设计成他们想要的样子，也没有创造一个能激励他们的想象中的未来。所以善意地提醒大家，不要做这样的人！就像没有人可以为你做俯卧撑一样，也没有人可以为你设定目标。

一旦你设定了目标，激活了大脑来帮助你达成所愿，你就应该每天都做一些能让你更接近目标的事，以此来回报大脑。

6.4 行动步骤

如果想生活得**愉悦幸福**，就设定一个目标吧。目标可以指挥你的思想，**释放你的能量，激发你的希望。**

——安德鲁·卡内基
商人、慈善家、千万富翁

生活中有太多分散我们注意力的事了，所以我们要不断地引导自己回到目标上来。下面的工具和技巧可以帮助我们做到这一点。

索引卡

把你的目标写在 3 英寸 × 5 英寸的索引卡上。卡片可以让我们简单快速地回顾目标。把目标卡放在床边，这样你早上起床后和晚上睡觉前都可以翻阅这些卡片。

或者把卡片放在钱包里，这也是个提醒自己的好方法。

日程计划表

如果你有日记或学校的日程表，可以在上面写上你的目标，然后在接下来的一周内写上提醒，再次回顾一下这些目标。这样做的目的是让目标不断地在你面前出现。奥运会十项全能金牌得主布鲁斯·詹纳曾经问一屋子有希望参加奥运会的人，他们是否写过目标清单时，每个人都举起了手。接着他又问有多少人当时带着清单，只有一个人举手。这个人就是丹·奥布莱恩。丹后来在 1996 年亚特兰大奥运会上赢得了十项全能金牌。所以永远不要低估设定目标的力量。

目标簿

　　另一个加快实现目标的有力方法是创建一个三环夹或剪贴簿日记。给每个目标留一个单独的页面。把目标写在页面的最上面，然后用图片、文字和从杂志、产品目录册以及旅游手册上剪下来的语句来详细描述你想实现的目标。如果你又想出新的目标和愿望，只需在目标簿里另加一页。不要忘了每天都要回顾这些页面。

给自己写一封信

　　"什么？你疯了吗？我用得着这样豁出去吗！"没关系，这封信和平时写的信不一样。连有史以来最伟大的武术家李小龙也给自己写了一封信。他真正理解了设定目标的力量。在纽约好莱坞星球餐馆的墙上张贴着一封李小龙写的信，日期是 1970 年 1 月 9 日。布鲁斯（李小龙的英文名）写道："到 1980 年，我将成为美国最著名的东方电影明星，并有一千万美元的积蓄。作为回报，我会在每一次演出中拿出最好的演技，并且我将生活在和平与和谐之中。"布鲁斯拍了三部电影，1973 年拍摄了《龙争虎斗》。这部电影取得了巨大的成功，为李小龙赢得了世界声誉。他的梦想变成了现实，而且比 1980 年的最后期限提前了七年！

给自己写一张支票

　　1987 年左右，金·凯瑞还是一个努力奋斗的年轻喜剧演员，想要在洛杉矶闯出一片天地。一天晚上，他开着自己的老式丰田车来到穆赫兰道。他一边看着这个城市，一边憧憬未来，还给自己开了一张一千万美元的支票，日期是"1995 年感恩节"。从那天起，那张支票就一直放在他的钱包里。剩下的就是被人们所传扬的关于他的光荣历史。凯瑞的乐观精神和毅力得到了回报。1995 年，在《神探飞机头》《变相怪杰》和《阿呆和阿瓜》取得巨大票房成功后，他的片酬已经上升到每部影片两千万美元。1994 年凯瑞的父亲去世了。他把写给自己的一千万美元支票放入父亲的棺材中，以此来纪念这位开启并培养他明星梦的人。

(6.5) 三重威胁

只要**坚持足够长**的时间，**任何**我们想做的事**都能做成**。

——海伦·凯勒
盲聋作家、活动家、演讲家

一旦确定了目标，往往会出现三件事让大多数人停滞不前，我们称之为三重威胁。但如果你知道这三件事只是行进过程中的一部分，就可以把它们看作"要处理的事情"，而不是让它们站在那里阻止你。

三重威胁，也就是阻挡你成功的三个障碍是：

1. 顾虑；
2. 恐惧；
3. 路障。

当这三位访客出现时，大多数人都很惊讶。他们认为定了目标，剩下的就是小菜一碟，一切都会按计划完美完成。我们当然希望是这样！

事实是生活充满了各种小的挑战，而那些最终成功的人都是能够战胜这些挑战的人。到此为止，不再说了。

如果仔细想想，

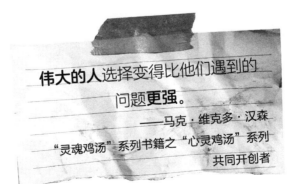

伟大的人选择变得比他们遇到的问题**更强**。

——马克·维克多·汉森
"灵魂鸡汤"系列书籍之"心灵鸡汤"系列
共同开创者

一个目标就是一个挑战，对吧？从根本上说，我们每做出一个决定就是让自己经受一次考验，而考验的方式就是通过努力使我们的生活变得更好，达到一个特定的目标。对于任何挑战，其中都会有困难。这样说还算公平吧？这就是生活。所以当你在通往成功的道路上遇到一点摩擦时，不要感到惊讶或气馁。这可能只是生活在考验你，看看你到底多么想要目标里的东西。

1. 顾虑

比方说，你想在未来三个月内将所有的成绩提高到优秀。不一会儿，你就开始想："哦，那我就必须加倍努力了。"或者："那我就不能有那么多时间和朋友们一起玩了。"或者："如果我花了这么多时间，最终却没有得到优秀怎么办？"或者……这样的例子不胜枚举。这些都是我们说的"顾虑"。

现在知道为什么这么多人"说服自己不要做某件事"了。其实他们并不缺乏能力；只是他们不断地听到负面反馈，一次又一次，这简直是在给自己洗脑！但要明白一点：每个人，再说一遍，是每个人，都有某种形式的顾虑。谁也不能始终百分百地充满信心。但那些达成目标的人并不把这些"顾虑"作为障碍，而是作为一种辅助手段，在心理上做好准备，应对可能出现的障碍。

记住，如果你知道了以前是这些考虑因素阻止了你成功，那么也算它们有一些用处。现在既然意识到了它们的存在，你就可以勇敢面对，向前迈进，因为你会发现这些想法大多并不是真的。

2. 恐惧

不管你有多勇敢，都会有恐惧的时候。我们所说的恐惧是指你可能经历的感觉，如遭遇拒绝、失败、

> 相信你的期望而不是恐惧。
> ——佚名

尴尬、孤独和身体上的痛苦。要记住，恐惧只是实现目标的过程的一部分，这一点很关键。

让恐惧小心翼翼地引导你，不要让它完全控制你。获得成功并不是摆脱恐惧，而是学会理解恐惧提供的具体信息，这样我们就可以采取相应的行动。记住，恐惧实际上只是你在专注于你不希望发生的事情。相反，先别这么做，想象一下你希望见到的情况是怎样的。想象一切都按你想要的方式进行。要让自己看到，感受到，并相信。如果你经常这样做，就会建立起信心。要直面自己的恐惧，继续大胆地向前走。

3. 路障

最后，你可能会遇到一些路障。这些可能是世界扔给我们的外部环境，通常是我们无法控制的。但如何处理它们，完全取决于我们自己。

潜在的路障包括：

❀ 没有人愿意加入你的项目。

❀ 没有足够的钱来创业。

❀ 没有送报纸用的自行车。

❀ 没有认识的人可以跟你的乐队签约。

❀ 没有合适的器械来做你想做的运动。

❀ 你没有车，也没有人可以开车送你去你想去的地方。

关于路障的有趣之处在于，它们从来不是永久性的，只是暂时的。如果有足够的决心，你肯定能找到办法绕开这些通往成功之路上的障碍。

泰勒，24 岁（堪萨斯州，萨利纳）：我一直很喜欢动物，所以 16 岁的时候，我写下了自己的人生目标：成为一名动物学家。一开始我真的很兴奋，觉得自己有了很大的进步。定了目标之后，该怎么做才能实现梦想也变得越发清晰。我积累了一定的人脉关系，与受人尊敬的动物学家交谈，也得到了很好的建议。听起来很容易，对吗？好吧，我做了能做的，但后来却遇到了一些意想不到的挑战。

到动物园实习怎么去呢？我没有车，父母工作很忙，没法开车送我去，而汽车站也太远了。我也没有钱买所有的专业书籍，或者去上相关课程。然后我的疑虑开始悄悄出现了。如果我不够好或不够聪明怎么办？我看到的都是障碍。我希望自己可以说我一直在努力，但我没有。我感到不堪重负，心慌害怕。然后我说服了自己，反正我也不是真的想成为一名动物学家（这完全是个谎言）。

五年来，我没再把之前的目标放在心上。大学的时候我听从父亲的建议，主修了商业。毕业前的一个学期，在就业日活动上，我参加了一个商业研讨会。坐在人群中听着主旨演讲的时候，我意识到自己真正的热爱并不是商业，我的所爱仍然是动物学。这是一种可怕的感觉。后来我改了专业，而那时朋友们都毕业了（一种尴尬的感觉）。我又回到学校学习了两年，补上了我在动物学专业所缺的训练。

我重新写了最初的目标，拿到了学位，一切都是要使梦想成真的感觉。毕业两周后，我发现十六岁时阻止我的路障仍然存在。我暗自大笑，因为我终于意识到，这些障碍只是奋斗过程的一部分。除非我们主动面对，否则它们不会消失。所以我选择去征服这些障碍，以及其他许多障碍。

现在，再过几周，我就是一名合格的动物学家了，还有什么比这更令人高兴的呢？从错误中学习，不要把路障看成死胡同。如果第一次面临挑战的时候我能继续追求自己的目标，那我就可以节省很多时间、精力，也会少很多挫折。如果你有决心和创造力，你总会有办法克服这些路障的。相信我：不要放弃。

讲得真好！谢谢你，泰勒！路障可能以不同的形式出现。比如当你计划在海滩玩一天的时候可能会下雨；你的朋友可能会搬走；你的新学校可能没有最好的艺术课程；你可能没选上自己喜欢的老师；父母可能给不了所有你需要的支持，等等。这些障碍只是你需要处理的现实世界的情况，处理完了才能继续向前走。其中有许多可能是你无法控制的，但它们从来不是死胡同，除非你选择放弃。

不幸的是，当这些顾虑、恐惧和路障出现时，大多数人把它们看作停止符号。但实际上它们只是这个过程中的一个正常部分。如果它们没出现，就意味着你的目标还不够大，不足以使你抻一抻自己，以获得成长。

⑥.⑥ 掌握才是目标

设定的**目标**要足够大，从而在实现它的**过程**中，
成为值得成为的人。

——吉姆·罗恩
白手起家的百万富翁、成功学教练、哲学家

金钱、汽车、衣服、房屋、船只、权力或名声，这些都没那么重要。可我们看到太多的人在追逐物质时背叛了自己。其实无论这些东西有多好，在生命结束时，我们都只能将它们抛之身后。这些"东西"里有很多都可能从我们身边被拿走，有时一眨眼的工夫就没了！

生活中最重要的是什么？相信任何真正的成功者都会说同样的话：我们在完成目标的过程中成了一个什么样的人。我们充分挑战自己了

吗？我们是否挖掘了自己的潜能？我们是否给他人的生活带来了重大影响？我们是否给这个世界留下了一个更好的地方？这些问题的答案才是最重要的。

克服"三重威胁"，实现目标的最终好处是我们可以享受在这个过程中获得的个人发展和成长。听起来可能很老套，但这绝对是事实。我们是谁就是我们最大的资产。正如职业自行车运动员兰斯·阿姆斯特

朗所说，"骑车重要的不是自行车"。他是对的。我们的内心世界才是最重要的。设定目标，挑战自己，充分成长，做伟大的事，成为杰出的人，并最终激励他人也这么做。

6.7 现在就行动！

好吧，现在是时候开始设计你理想中的未来了。在继续学习下一章之前，花几分钟时间列出你想要实现的目标。清楚地认识到你在生活中想要什么，是走向成功最重要的步骤之一。现在你有机会做到这一点。下面是一个设定目标的模板，你可以用来写出自己的目标。

1. 在＿＿＿＿＿＿＿（年月日）之前，我会＿＿＿＿＿＿。

2. 如果坚持不下去，不能全身心投入去追求目标，我将会错过什么？

3. 如果达到这个目标，我的生活会变得更好，因为＿＿＿。

4. 我应该采取什么措施或养成什么习惯，才能更快、更容易地实现我的目标？＿＿＿＿＿。

5. 今天可以做点什么能更接近我的目标？＿＿＿＿＿＿。

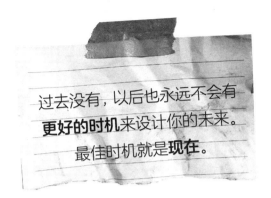

过去没有，以后也永远不会有**更好的时机**来设计你的未来。最佳时机就是**现在**。

如果你**对生活感到厌烦**，

如果每天早上起床你没有强烈的欲望去做事，

那么你的**目标就不够**。

——卢·霍尔茨

屡获殊荣的全美大学体育协会足球教练

记住，一个目标是永远不够的。你的目标越多，给自己的赋能就越多，这样才能充分使用自己的创造力、激情和资源。对自己做出承诺，每天做一点事，让你更接近理想中的目标。所有这些一点点一步步加起来，最终你会成功的。关键是要开始，不要拖延。让梦成真！现在就开始吧！

我的待办事项清单

☑ 把目标写在索引卡上、日记里或者目标簿上。

☑ 做一个口袋大小的目标清单带在身上。

☑ 给自己写一封信，或者给自己写一张支票。

☑ 制定目标有两个要点：可衡量的数量和具体期限。

☑ 知道好的想法和可衡量的目标之间的区别。

☑ 不仅要写小而简单的目标，还要写能抻一抻自己，从中获得成
　　长的目标。

☑ 定期查看目标，时刻提醒自己总体目标是什么。

☑ 做好准备面对三重威胁（顾虑、恐惧和路障）。认识清楚，这三
　　个障碍并不是停止的标志，它们只是前进过程中的一部分。

☑ 记住，真正的目标不是为了获得物质奖励。最重要的是我在完
　　成目标的过程中成为什么样的人。

☑ 采取行动！每天做一些事情，以便更接近自己的目标。

法则 7

松开
刹车

阻碍你实现**梦想**的唯一真正
原因就是**你自己。**

假设你想骑自行车去一英里外的朋友家。你跳上自行车一踩脚蹬，却发现根本蹬不动。你下意识地低头看了看，发现原来车闸刹得死死的。接下来怎么办？你会再加把劲踩脚蹬，克服刹车的阻力吗？当然不是！你只需调整设置，松开刹车，这样不费吹灰之力就能加速前进了。刹车的目的只有一个：让你慢下来。但大多数人在生活中总是在心理上踩着刹车，阻挡自己进步，因为他们不断地说："我没有这个能力"或者"我不适合……"他们看到的是自己在挣扎，把事情搞砸或无法达成目标的负面形象。由于这些心理障碍和限制，他们只会把自己困在舒适区。

问：什么是"舒适区"？

答：舒适区是指我们感到安全、有保障的地方。在那里我们可以不必担心、恐惧或害怕失败。

问：那么这有什么不对吗？

答：只要我们停留在舒适区，就不能成长，不能体验新事物，也不能实现任何有挑战性的目标。

提示：注意体会一下你的感受就知道自己的舒适区界限在哪里了。

当你为实现目标而努力时，如果感到恐惧、不安或者紧张，就意味着你正处于舒适区的边缘。如果达成目标能带给我们好处，还是要主动面对恐惧，不断奋斗。

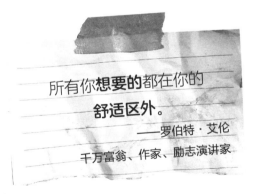

所有你想要的都在你的舒适区外。

——罗伯特·艾伦

千万富翁、作家、励志演讲家

待在舒适区的人在生活中是踩着刹车的。当试图实现自己的目标时，无论怎样努力，他们对自己的负面想法和形象总是抵消了好的意图和打算。可悲的是，他们甚至不知道自己的刹车已经踩上了。

相比较而言，成功人士知道如何识别自己的刹车。无论是什么样的刹车，他们都知道如何松开。他们也明白做到这一点仅靠提高意志力是不够的。我们必须放下所有束缚性的想法和消极的自我形象，用积极的因素来取代它们，这样才能获得成功，而不至于使自己精疲力竭。

7.1 走出舒适区

"舒适区"一词实际上是一种误导。短时间内，舒适区带来的感觉很好，因为没有压力，没有挑战。但从长远来看，它是一个（自我设限的）监狱。相信我们，我们见过太多人，他们一生都生活在自己的舒适区。但就像垫子总是会被磨损的，时间长了这些人就会感到沮丧、抑郁和后悔。

有时，我们被"训练"得接受我们的舒适区就是我们能力的范围。注意！当这种情况发生时，我们其实是在严重限制自己的潜能。一档很受欢迎的节目《国家地理》

讲述了小象是如何从出生开始就被限制在一个非常小的空间里的。训练员用一根绳子把小象的一条腿绑在深埋在地下的木柱上。小象的活动范围就是那条绳子的长度，而这个范围内的区域就成了小象的舒适区。起初，小象会试图挣脱绳子，但它很快就知道绳子太结实了，于是不再尝试。

当小象长成一个五吨重的庞然大物时，它当然可以轻易地挣断绳子，但遗憾的是它连试都没试，因为现在它已经认为这根绳子是不可能弄断的。即使是体型最大的大象也很容易被最短的小绳子限制住。

现在让我们来看看你的绳子。你是否被训练得（由别人或自己）开始相信那些并不真实的关于自己的事情，或者让你停留在舒适区的事情？我们确信你不想成为被一条微不足道的绳子限制的大象，对吧？一定要记住，我们的"绳索"可能是看不见的。我们可能很难看到自己的限制性想法和消极的自我形象，但无论我们是否意识到它们，它们都像钢链一样强大。好消息是，我们可以改变自己的舒适区。方法如下：

1. **改变你跟自己说话的方式。**不说"我不能"或"我不够好""我不配"等这样的话来贬低自己。一旦发现自己在说这些，就用积极的话来代替。你可以对自己说："我可以！""我是！""我会的！"让自己知道你是多么感激，因为你已经拥有了想要的东西，做了想要做的事情，活成了自己想要的样子。

2. **在头脑中想象一下自己想要的生活是什么样。**创造一个强大有力的自我形象——做着想做的事，成为了你想成为的人。

3. **改变你的行为。承诺向目标迈出第一步。**行动采取得越多就越能建立信心。记住，第一步通常是最困难的。但如果你能跨过第一步，就已经上路了，已经挣脱了那根绳子！

贝琳达，16 岁（南卡罗来纳州，莱克星顿）：从来没有想过我一直生活在自己的舒适区，但现在想想应该是这样的。我总是到了某一个点，几乎要成功了，然后就会发生一些事情，让我无法继续前进。我并没有意识到阻止我的那个"东西"实际上是我自己。

我总是下意识地告诉自己我不配成功，或者我没有能力实现愿望。但事情还不止这些。我发现我脑海中总是有考试失利、篮球场输球以及执照考试搞砸等类似情况的图像。这就像是失败排演一样，一次又一次。真是太奇怪了！我甚至不知道自己这个下意识的动作。在潜意识里我不会让自己成功。发现这一点后，我努力改变了跟自己的对话。睡觉前，我会在脑海里想象一下第二天自己希望的结果是什么。

一边要改掉旧习，一边还要尝试用新的思维方式，采取新的行动，这足足花了我几个星期时间。但最终我潜意识中的"绳索"的力量变得越来越弱，后来我终于成功了。这件事让我懂得，人们之所以会把自己困在舒适区，很大程度上是出于对成功有一种无意识的恐惧。很高兴我最终意识到了这一点。

对我来说，用正确的方式思考以及不断看到我想要的东西是摆脱困境的最好方法之一。如果你想成功，那就试试我学到的东西。想一想你正在想的事情。给任何可能让你停留在原地的心理刹车松一松闸。

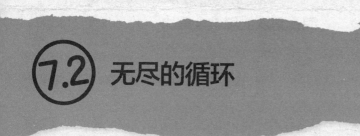

7.2 无尽的循环

如果你**没有得到想要的结果**，就试试其他的东西。
如果**还不行**，就再**试试别的**。

——安东尼·宾斯
畅销书作家、励志演讲家

你 是否有过被困住的感觉？实际上谁也没有真正陷入过困境。但是如果我们总是这么想，限制或束缚自己，重复同样的事，就会被吸进一个无休止的循环，一直处于螺旋式下降的状态中。难怪我们会感到"受困"！限制性思维造成了限制性的自我认知。这反过来又导致我们去做对自己没什么帮助的事情。那么我们最终就会强化原来的限制性想法。

想什么就来什么。

举个例子。比方说，你要在全班同学面前做一个演讲。而你担心自己会搞砸，出丑。然后呢，会发生什么？这种想法就会产生一个画面，你讲着讲着就把讲稿中的一个关键点给忘了。这个画面就会产生一种恐惧的感觉。然后，这种恐惧蒙蔽了你的思维，使你真的忘记了某个关键点，从而加强了你最初的想法："我做不了演讲！看吧。我就知道我得忘词。我就不是能在一群人面前讲话的人。"就这样，我们发现自己处于这种无休止的循环之中。

> 我们面临的**难题不能用**造成这些问题的
> **同一层次的思维**来解决。
>
> ——阿尔伯特·爱因斯坦
> 物理学家、发明家、哲学家、诺贝尔奖得主

你有没有注意到，有些教练能让他们的运动员发挥出身上的所有潜能，而有些教练却做不到，为什么？其中一个原因就是我们所说"无休止的循环"的过程。一个差劲的教练会告诉你你做错了什么，然后告诉你不要再这样做了。"不要掉球！"或者"不要投不中！"然后呢？接下来会发生什么？你脑海中就会出现教练刚才给你的画面：关于你掉球和投篮不中的画面！很自然地，大脑根据它被告知的内容，重现了它刚刚"看到"

的东西。所以接下来你在球场上走来走去，丢了球，还没投中，这就不足为奇了。

好的教练都是怎么做的呢？他们会指出可以改进的地方，而且会告诉你应该怎么做："这次你肯定能完美地接住球"或者"我都看出来你要投中了"。果然，你脑海中的下一个画面就是你接住了球，然后投篮得分。

所以你的大脑再次把你最后的想法、图像变成了现实，但这一次，这个"现实"是积极的，而不是消极的。简单吗？当然了。这么简单的一个过程却对我们的经历和表现有巨大的影响。只要我们一直抱怨目前的状况，我们的心灵就会专注于此。这真的非常重要，因为如果我们总是谈论或者想着那些不想要的东西，我们就会得到更多的……什么呢？你猜对了：更多我们不想要的东西。好消息是，这个道理反过来也成立。要想改变这个循环，就要专注于思考、谈论我们想要的东西，这样才能看到我们希望发生的。

⑦.3 要说肯定的话！

毁舒适区的一个强有力的方法是用新的想法和图像轰击你的大脑，比如优异的成绩、健康的身体、丰厚的银行存款、有趣的朋友，以及运动中的巅峰表现。然后，把所有你想要的东西都看成已经拥有的东西，就好像这些梦想已经实现。这种技巧就是我们所说的"肯定"。

问： 什么是肯定？

答： 它是一种描述目标已经完成的陈述。

约瑟琳，17 岁（俄勒冈州，梅德福市）： 第一次听说要表达肯定的想法时，我在想："这到底是什么东西？"所以很长一段时间里，我连试都没试。但我一直不自信，一直挣扎，所以最终还是决定试一试。

当时我在学校的表现不是很好，但我不再说自己不好，而是肯定自己够聪明，想提高成绩不是问题。虽然一开始这么说感觉很奇怪，但经过几周的时间，我绝对可以感觉到一种新的自信，让我觉得自己可以实现目标。对自己积极肯定带来的回报让我看到预期结果，保有动力，我也不断提醒自己要动手改变，要坚持。

一段时间后，我真的开始相信我对自己的肯定都是真的。我觉得这就是真正的力量所在，不再只是"希望"自己能提高成绩，而是期望自己能做到。我现在肯定比以前更有信心。如果你不太相信，就试一试吧。试一下不会有任何损失，只会有满满的收获。

肯定的话语给予我们燃料、动力以及积极的强化，这些都是我们实现目标所不可缺少的。虽然没什么办法解释清楚，但重要的是这种做法确实能产生效果。可能听起来有点不真实，有些人甚至称它为魔法，但这么做就是有效。听听金·凯瑞自己怎么说吧。这是他在 1994 年接受杂志《电影线》（Movieline）的采访时所说的：

我一直相信有魔法。当年没有戏拍没什么活干的时候，每天晚上我都会往山上走，坐在穆赫兰道上，看着这个城市，张开手臂，自言自语："每个人都想和我一起工作。我是真正的好演员。我有各种各样的电影邀约。"我一遍又一遍地重复这些话，说服自己相信有好几部电影排着队等我拍。然后我开车下山，像要做好准备去迎接挑战一样跟自己说："电影邀约就在那里等着我。只是我还没有听到而已。"现在看，当时我就是在积极肯定自己……"

7.4 建立有效的肯定

备好体验一下肯定的力量了吗？首先，你得创建对你来说独一无二的肯定语。下面这七条指南会帮助你完成这一步：

1. **从"我是"开始。**"我是"这一表达是英语中最有力的词汇。它激活了你的大脑，就像你给它一个直接的命令，号召自己采取行动。

2. **使用现在时态。**描述你想要的东西，就好像它已经完成了，你现在正在享受结果。

3. **用积极正面的语言陈述。**确认你想要什么（而不是你不想要的东西）。我们的潜意识不理解"不许"和"不"这样的字眼。也就是说，"不要摔门"这句话经由我们的大脑就会被听成"摔门"。大脑是用图片思考的。当听到"不要摔门"时，它想象不到不摔门是什么样子的！因为它没有"不要"这个对应的图片。因此，讽刺的是，"不要摔门"反而会在我们头脑中产生一个摔门的画面。这种现象类似于我们之前引用的关于好教练/差教练的例子。基于同样的原因，类似"我不再害怕参加排球队了"这样的短语仍然会让人产生害怕的印象。其实你可以换成："我很享受排球队的试训。"这样一来，你的头脑中就会出现你享受排球训练的画面。

错误表述：我再也不吃垃圾食品了。

正确表述：我只喜欢吃健康的食物。

4. **尽量简短。**把你的肯定语看作电视广告。假设每个词要花 1000 美元。尽量让你的肯定语简短又令人难忘。

目标：到 2009 年 2 月 28 日，我的体重将达到 128 磅。

肯定：我的体重是 128 磅，这感觉很好。

5. **尽量具体。**模糊的肯定语产生模糊的结果。如果你想要一个具体的结果，请确保你的肯定语也是具体的。对你想要的东西描述得越精确，你就越有能力获得想要的结果。

错误表述：我是个成绩好的学生。

正确表述：我是个比较专注的学生，GPA 4.0 分，值得庆祝。

6. **包含一个"-ing"行动动词。**这个动词会帮助你的大脑创造一个你开始工作并立即采取行动的形象。

错误表述：我很诚实。

正确表述：我很自信地公开并诚实地表达自己。

7. **至少包括一个动态的情感或感觉词。**想一想如果你已经实现了目标，会有什么样的感受，把这种感受写进去。用诸如这类词：享受、快乐、自豪、热情、有创造力或自信。想让这个过程变得有趣，对吗？那好，这些词会帮你创建你希望获得的人生体验。

错误表述：我正在努力训练，要成为学校里最好的跑步者。

正确表述：我正在享受成功的喜悦，我是学校里的顶尖跑者。

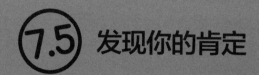

7.5 发现你的肯定

 要担心。发现肯定的过程不需要经过漫长等待或者令人疲惫的探险。相反，这个过程应该是简单、愉快的。步骤如下：

1. **重新审视你的目标。** 再看一下你在法则6那一章中写下的目标，重新措辞，就像你已经完成了那些目标一样（但别忘了用到我们刚才谈到的七条准则）。举个例子：

   好想法：我想要更多可用于支出的钱。

   目标：在2008年6月1日之前，我要申请八份工作，每次申请后都要主动打电话跟进后续情况。

   肯定：我已经有了额外用于支出的钱，这让人感到踏实满足。

2. **把所想变成所见，方法如下：**

   a. 把事情看成你所希望的那样。让自己置身于这个画面中，用你的眼睛看到你达成所愿的样子。如果你想成为球队最有价值的球员，就想象自己在台上接受奖杯的样子。

   b. 听一听你实现目标后可能会听到的声音。

c. 感受一下你得到心之所想时可能会有的情绪。

d. 用简短的语句描述你正在经历的事情，包括你的感受。

e. 现在写下你所看到的、感觉到的和听到的。然后进行编辑，使之符合七项准则。然后就可以了！你就有了自己的肯定语！

7.6 我的精灵

基米亚，15 岁（加利福尼亚州，欧文市）： 父母曾经告诉我，如果我坚信并重复跟自己提起在生活中想要的东西，它们就更容易出现在我面前。起初我并不相信。"这怎么可能呢？"我想。但最终还是试了一下。

七年级时，学校给我安排了一门预科代数基础课，我很失望，因为我觉得自己可以上更难一点的课程。所以当时我就想一定要好好表现，超出预期，让老师知道下一年我可以上正常的代数课。带着这个目标，我肯定地对自己说："我的数学非常好，明年我要上代数课。"之后的每一天，我一边练习数学题一边不断重复这句自我肯定的话。就这样，我的自尊提高了，在课堂上，我积极活跃，所有的考试我都获得了 A 级。连我自己都惊讶不已。

年终课程结束时，我得到了老师的认可，老师同意我下一年上正常的代数课。你看，确定了自己的目标，采取行动，我就实现了目标！这就像阿拉丁神灯里的精灵帮我实现了愿望一样。但这件事让我明白，我才是自己的精灵，这才是最有意义的一点。

我发现使用肯定语的关键是要相信它们确实有作用。现在我仍然保留着最初写下肯定语的那张纸。它提醒我，只要我相信，一切皆有可能。我知道这听起来很老套，但它确实有效。现在生活中大大小小的事我都会用肯定语这个办法，因为我知道无论我的目标是容易达成的还是需要费点力气努努力才能达成的，肯定语都会引导我走向成功。

我的待办事项清单

☑ 避免在生活中踩着刹车。改变任何有关自己的负面的想法或形象。

☑ 要明白，在成长的过程中，我可能会下意识地限制自己，但要意识到这些限制大多不是真的。

☑ 通过改变对自己说的话、在脑海中想象的东西以及不断做的事，扩大我的舒适区。

☑ 要意识到，我从来不会"困"在同一个地方；"困住"是因为我不断重复同样的事情，才重复体验同样的经历。如果改变想法、想象和行为，就会得到不同的结果。

☑ 专注于我想做什么、成为什么、拥有什么，因为无论我专注于什么，都会得到更多。我想的是什么，就会带来什么。

☑ 创建肯定语能帮助我建立自信，刺激潜意识，实现自我目标。

☑ 每天不断回顾并重复我对自己的肯定。

法则 8

看见所想，得到所见

> 想象力就是一切。它是**生命**中华彩乐章到来**的前奏**。
>
> ——阿尔伯特·爱因斯坦

华特·迪士尼最初描述他那个占地数千英亩、每年吸引数百万人的"神奇王国"时，很多人都认为他疯了。后来他亲眼看见自己的许多设想成为现实，但不幸的是，在艾普卡特中心开幕之前迪士尼去世了。参加开幕式的一名记者俯身对华特·迪士尼的妻子说："很遗憾，华特今天不能一起见证这一幕。"迪士尼夫人不慌不忙地回答说："哦，他看到了，他是第一个看到的。"

这就是想象的力量，想象就是在脑海中呈现出关于你想要的东西或者你希望事情如何发展的生动画面，这可能是我们拥有的却又最未被充分利用的成功工具了。

许多人都说，"我得看见才能相信"。但有的人，包括历史上最伟大的领导人和创新者，显然都是先"相信"，后"看见"。他们在看到这些梦想成为现实之前，就已经在头脑中预想到了这些伟大的事或物。

埃及人设想了世界上最具纪念意义的建筑，而且还建成了。罗马人设想了一个从地中海到叙利亚的帝国，闻所未闻！我们的国父们设想了一个自由、独立的民主制度，这是世界上第一个这样的制度。然后他们合作创建了美利坚合众国。尽管科学家已经"证明"人造飞行是不可能的，但莱特兄弟还是想象自己驾驶着世界上的第一架飞机。后来他们真的造了飞机还飞行成功了。爱迪生看到了一个替代蜡烛的电力产品，然后发明了电灯泡。这样的例子可不少吧。

8.1 愿景世界

仔细想想，我们生活的世界和世界上每一件后天生产的物品都是从一个梦想或愿景开始的。你正坐着的椅子、读的书、穿的衣服、开的车、演奏的乐器，这些起初都只是一个想法。正是这些想法激发了人们去创造他们最初只在头脑中"看到"的东西。

我们对事物的设想越清晰，就越有机会让事情变成自己想要的样子。许多人在生活中只是希望事情会得到最好的结果，但当我们把一切都留给命运时，生活很少会对我们有利。所以仅仅希望得到最好的结果是不够的。我们得把它想象出来，这样才能加速实现自己的愿望。

想象主要有以下三个有力的作用：

1. 激活你的创造力。
2. 让你的大脑集中注意力，帮助你注意到任何可以利用的资源。
3. 吸引帮助你实现目标所需要的人、资源和机会。

有些人在生活中一辈子都没有使用过想象的力量。海伦·凯勒的领导力、勇气和坚持不懈的精神仍然激励着数百万人。她很年轻的时候就失去了视力（和听力），但她从来没有失去对成功的渴望。虽然眼睛看不见，但她很快就认识到想象的重要性。

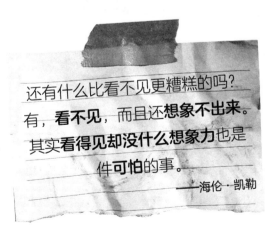

还有什么比看不见更糟糕的吗？有，**看不见**，而且还**想象不出来**。其实**看得见却没什么想象力**也是件**可怕**的事。

——海伦·凯勒

假设你在现实生活中要做一件事，这时大脑就要启动一定的程序。研究人员发现，这个程序与你在头脑中只是想象要做这件事而实际并不做的程序相同。换句话说，我们的大脑并不能识别出（a）我们实际做的事情和（b）我们头脑中想象的事情之间的区别。

很多人曾经认为，想象只是一个虚假的概念，并不奏效。但如今我们有很多证据表明想象的力量不可忽视。哈佛大学的一项研究证明，事先在头脑中像放电影一样把要做的事过一遍，这样做的学生完成任务的准确率接近100%，而没有这么做的学生的准确率只有55%。令人惊讶吧！

简单地说，想象帮助大脑取得更多的成就。虽然我们在学校几乎没有受到这方面的教育，但自20世纪80年代以来，运动心理学家和巅峰表现专家一直在推广想象的力量。现如今几乎所有的奥运会和职业运动员都在使用想象的力量。

杰克·尼克劳斯，这位赢了一百多场比赛，获得过五百七十多万美元奖金的传奇高尔夫球手曾经说过：

我从来没有打过一杆脑海中没有非常清晰、聚焦画面的球，即使是在练习中，我也得事先在脑子里想一下。这就像一部彩色电影。首先我"看到"球打出去后要落地的位置：洁白的高尔夫球落在果岭那绿油油的草地上。然后场景迅速变化，我"看到"球朝着那个落脚点去了：它的路径、轨迹、形状，甚至落地时的样子都清晰可见。然后这个场景慢慢淡出，接下来就是我做出挥杆动作把之前想象的画面变成现实的画面。

当然你并不需要成为一名运动员就能释放想象的力量。想象几乎对任何事情都有效。如果我们想象目标已经完成，就会在头脑中产生冲突。大脑知道它所看到的和目前所拥有的之间存在差距，所以会尽一切可能缩小这个差距，帮我们把愿景变成现实。

慢慢地你会发现，早晨醒来脑子里对如何实现目标有了新的想法，而自己无意中做的事也正好在帮你取得成功。突然间，你可能发现自己有史以来第一次在课堂上举手发言，自愿承担新的任务，履行新的责任。在课堂上或体育活动中也敢大声表达了，也知道省钱买自己想要的东西了，而在生活中也愿意承担更多风险了。所有这些都能让你从自己身上和生活中获得最大的收益。

> 法律声明：读完本章如出现以下症状，作者概不承担任何法律责任：性格更积极、动机更强烈、心态更平和。一些读者反馈说，他们时不时地会经历"灵光一闪"的时刻，比如在洗澡、上课、运动或开车的时候。

现在来做一个实验。我们会问你一个简单的问题，你要做的就是记住所想到的第一个答案。问题：当听到"钱"这个词时，你会想到什么？

你是看到了这个词的每个字母都在你的脑海中拼写出来，就像这样：M-O-N-E-Y？还是看到了绿色的纸币、美元符号、黄金、金库等图片？事实上，我们看到的都是图像和图片，而不是字母和文字。为什么呢？因为我们的大脑不会用文字思考，只会用图片思考。

当我们在脑海中创造出目标图片，比如成绩单上得了 A，在体育颁奖盛会上得到认可，环游世界，开着最喜欢的车来到新家门前时，大脑会努力去实现这些目标。但如果脑子里总是想着消极、恐惧和焦虑的图片，会发生什么呢？没错：大脑也会帮我们实现这些。既然如此，你又是如何看待自己和自己的生活的呢？

让人欣慰的是，积极的心理形象加上鼓舞人心的目标远比消极的心理形象更有力量，作用更大。这就是为什么乐观主义者比悲观主义者取得的成就多，还更快乐。因为乐观主义者在他们的头脑中不断有积极的想法、积极的形象，让他们不断强化自己的付出与努力，实现人生梦想。

艾丽卡，16 岁（加利福尼亚州，河滨市）：关于想象的力量我听说过很多年了。我的曲棍球教练曾经让整个球队在大赛前一晚用这种方法为我们自己加油。但不幸的是，这对我来说从来都不是很有效。所以我就没再做了。

大约一年后，我在科学课上得知大脑中图像的作用非常强大，于是决定再尝试一下。每天晚上我都要花几分钟时间想象自己参加考试，完成待办清单上的事情，看到自己处理所面临的任何挑战。

就这样，我想象得越多，做起事来就越顺利。慢慢地，我发现生活中开始有一些有趣的事情发生。我脑海中的画面也变得更清晰、明亮。我在想象时加入了某些声音、气味，有时还有音乐。我也不再只是想着让事情变成什么样，而是开始感觉到不同。这就是发生在我身上的最大的变化。既然我的大脑无论如何都是用图片来思考的，那我就努力创造更有力量的图像，提升我对自己和要做的事情的感觉。

我的想象越详细、越清晰，表现就越好。我不仅知道自己想要什么结果，还更有动力去做该做的，并且相信成功总有一天会来。

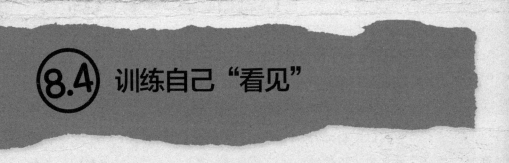

8.4 训练自己"看见"

当我**展望未来**时，它是如此**明亮**，简直能**灼伤**我的**眼睛**。

——奥普拉·温弗瑞

这里有一个非常好的消息：想象不仅作用强大，做起来也很简单，还100%免费！你所要做的就是闭上眼睛，想象着目标已经完成的样子。

如果你的目标是成为一个成功乐队的主唱，那么闭上眼睛想象你在舞台上面对着成千上万热情洋溢的乐迷。如果你的目标是在联赛决赛中投进五个球，那么就在脑海中看一下球场的情况。一定要身临其境！想象自己的进球无懈可击。

至于你梦寐以求的那所大学……想象一下自己走在校园里，与新同学交往，与老师交谈的样子。你的教室是什么样子的？景观如何？天气怎样？成绩单是什么样？你会交多少个朋友？所有这些细节想象得越多越好。记住：这样做很简单，但却很有用，而且还是免费的。

想象的时候尽量让图像清晰些、明亮些。无论目标是什么，都要尽量做到这一点。每天早上醒来后，晚上睡觉前，读一读你之前写下的目标宣言，然后想象一下你想要的确切结果。下面两个小贴士能帮你获得更好的想象效果：

1. **调动所有感官。**正如上一章中所说，头脑中的图像越"真实"地表达我们的愿景，就越能帮助大脑将其变为现实。所以在想象自己的目标时，问问自己你听到了什么？闻到了什么？你的奖杯重不重？这个球什么感觉？谁在你旁边？有微风吗？你的衬衫是什么颜色的？

如果想要一个具体的"东西"，比如一辆车，那么能调动我们感官的问题可能有："汽车方向盘上的纹理是什么样的？坐在座椅上是什么感觉？内饰是什么颜色？它有新车的味道吗？"是的，什么问题都可以！越多越好！

2. **要感受到那个情绪。**我们所有的努力付出，其实说到底都是为了实现目标后的感受。所以说奋斗并不是为了实际的奖项，或者得到谁的认可，也不是真的为了能得到一辆汽车，我们追求的是一旦拥有这些东西时的感受。

如果你已经实现了目标，会有什么样的情绪和感觉？高兴？自由？自信？爱？尊重？研究人员发现，当人伴随着强烈的情绪时，某个图像或场景可以永远锁定在记忆中。相信你一定记得上次宠物死的那天是什么样吧。还有小学毕业，初中或者高中毕业那天。为什么你能记住这些事？因为当时你肯定经历了激烈的情绪波动。

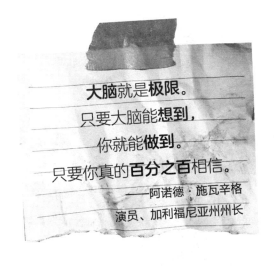

大脑就是**极限**。
只要大脑能**想到**，
你就能**做到**。
只要你真的**百分之百**相信。
——阿诺德·施瓦辛格
演员、加利福尼亚州州长

要想赋予想象中的情景同样的情感强度，你可以试着放一些音乐，增加一点气味或明亮的颜色，还有最重要的——你的个人感受。想象一下一旦实现了目标你会有怎样的真实感受，也可以夸大你的感受。你想象的时候越有激情，越兴奋，能量越大，最终得到的结果就越强大。

想象是**有目的**的**白日梦**。

——博·班尼特
作家、企业家、演讲家

并非所有的人都能闭上眼睛，将图像想象成明亮、清晰、立体的图片。如果不这样做也没关系。这只是意味着你在头脑中有了一个图像，但看到的图像没有想到的全。但这个也仍然有用。把目标已经完成的样子想象出来，这一步的关键是要经常这么做。正如我们前面所说，如果你能感受到这种情绪，你就能和那些真正看到图像的人一样受益。

如果你想帮助大脑把想象的过程变得更有力，就使用打印出来的图像。例如，如果你的目标是去法国旅行，那么找一张埃菲尔铁塔的照片，在底部粘上一张你自己的照片，就像你真的站在塔下面一样。

杰克：几年前，我就是在悉尼歌剧院的照片上贴上了自己的照片，然后不到一年，我就到了澳大利亚的悉尼，真的站在悉尼歌剧院门前了。如果你的目标是自己做生意，那就仿写一篇报道文章，写写你和生意的事，起一个类似这样的标题：萨拉在课业辅导市场刮起一阵风暴。如果你的目标是成绩全优，就在电脑上创建一个成绩单，每门课程都给优秀，然后把它贴在桌子前面的墙上。这个办法能帮你保持专注，告诉大脑你想要的确切结果。

杰克：马克·维克多·汉森和我弄了一个仿版的《纽约时报》畅销书排行榜，我们把原版"心灵鸡汤"系列排在第一位。不到十五个月，这个梦想变成了现实。四年后，我们创下了在《纽约时报》畅销书榜上同时有七本书的吉尼斯世界纪录。

提示： 可以看看杂志上的照片和图像，帮助大脑进行想象。如果你是那种总喜欢把事情往前推一步的人，那就做一个愿景板，收集那些能激励你的图片和照片。

肯特：有很多次，我几乎要放弃写第一本书了。在三年多的时间里，要始终专注于完成这个项目真的很困难。我得找点新的动力。于是我开始从报刊上剪下各种照片——想去的地方、想见的人、想要的东西以及激励我的名言。然后把它们贴在泡沫芯板上，做一个类似拼贴板的东西。板子颜色鲜艳亮丽，最重要的是这个板子让我更有动力，因为它不断提醒我，如果我坚持目标，未来就会让人兴奋可期。

现在，我开着曾经贴在愿景板上的那款车，去了很多板子上贴的目的地，还遇到了一些愿景板上非常不可思议的人，其中就有杰克·坎菲尔德。谁能想到仅仅几年后我就和他一起写了一本书呢？

愿景板是非常强大的工具。当年美国国家航空航天局（NASA）努力将人送上月球，NASA 的工作人员因为知道图像的力量，就在研究中心的整面墙上贴满了巨大的月球图片。这样一来，每个人都对目标十分清楚。难怪美国宇航局比计划提前两年实现了这个目标。

毋庸置疑，想象是非常强大的成功技巧。但就像其他任何事情一样，再强大也得你自己去做才行，别人是不会强迫你的，也不会有人替你去做。一边浏览你的目标，一边想象目标已经完成的样子。整个过程用不了多长时间，五到十分钟足矣。但这却是你能做的、实现梦想最重要的事情之一。

要先**看见**才会努力
将其**变为现实**。

"不错哦，
这条路你已经走了一半了。
成功就在前面。
继续保持！"

我的待办事项清单

☑ 将我想要的东西想象出来，因为这个过程能让我的潜意识参与其中，帮我激发创造力，提升动力。

☑ 要知道，我越是清楚地把想要的东西想象出来，就越有机会得到自己想要的。

☑ 要意识到，想象能激活我的创造力，帮助我注意到新的机会，吸引我需要的人和资源来实现目标。

☑ 想象时记得调动各种感官，以便感受到目标完成时是什么样的。

☑ 花点时间做一个愿景板，贴上能激励自己的格言和与目标相关的图片——想去的地方、想见到的人以及想拥有的东西。

法则 9

假装
你可以

去相信去**行动**吧，就像永远**不会失败**一样。

——查尔斯·凯特林
农民、教师、工程师、科学家、发明家、哲学家

如果你不会游泳，还会为了凉快或者把自己弄湿而跳下船吗？不可能吧。而且一开始你可能就不会上船！如果真的相信所有的狗都会咬人，你还会去宠物店买一只小狗吗？当然不会。你可能连好朋友家的小狗都不会摸。

同样地，如果你觉得自己的梦想不现实，或者你没有足够的能力或条件，那么你有多大可能实现梦想、发挥自己的最大潜能呢？（不需要回答！）相反，如果你相信自己的目标是可行的，而且你就是实现这些目标的不二人选，又会怎样呢？你会为目标而奋斗吗？当然会啊！

我们所**期待**的会塑造我们的**未来**。

任何事情想要成功，第一步就是相信自己，此外还要秉持一种不会失败的信念行动起来。想一想：如果你认为某件事是不可能的，就不可能去尝试。相反，如果你相信，你就会愿意采取必要的行动。同意我说的吧？

如果你想获得成功，你就得表现得好像已经成功了一样。这并不意味着虚伪或傲慢。"假装好像成功了一样"是指我们在想、说、穿、做上模仿成功时的样子，从而把对自己的积极信念再向前推进一步。

WE CAN DO THIS!

GOALS

"假装像成功一样"会向大脑发出强有力的信息，即你值得成功，而且也已经准备好要成功了。就像上一章有关想象技巧的讨论中所说，一旦我们的大脑期望实现某个目标，它就会非常努力地寻找实现这些目标的方法。

杰克：起初我并没有太在意这条法则，直到我看到有人在使用这条法则，我才意识到它的作用有多大。在本地一家银行，我发现一个有趣的现象：在那里工作的几个柜员，有一个人总是穿着西装打着领带，跟其他两个不穿西装的男性出纳员不同，这个年轻人看起来像个主管。

一年后，我发现他升职了，有了自己的办公桌。他坐在桌前，处理贷款申请。两年后，他成了一名信贷员。不久之后，他又成了分行的经理。有一天我问他是怎么做到的，他说他一直知道自己会成为分行经理。因此，他研究了经理们的穿着，并开始以同样的方式穿衣。他还研究了经理们对待客户的方式，也开始以同样的方式与人们交流。在他成为分行经理之前，他就开始表现得像分行经理了。

9.1 相信并成为

弗雷德·库普斯和吉姆·南兹是两个热爱高尔夫的孩子，他们有着远大的梦想。弗雷德的目标是有朝一日赢得美国大师赛，而吉姆的目标是成为哥伦比亚广播公司（CBS）的体育播音员。弗雷德和吉姆在休斯敦大学上学时曾表演过这样一个场景：美国大师赛的冠军被护送到巴特勒小屋里，披上象征胜利的绿夹克，并接受CBS播音员的采访。

十四年后，他们重复了这一场景。但这一次，全世界都在看！弗雷德·库普斯赢得了美国大师赛，当比赛官员把他带到巴特勒小屋时，采访他的不是别人，正是CBS体育播音员吉姆·南兹。听起来很假，是吗？它真的发生了！采访结束后，弗雷德和吉姆都有一种怪异的感觉。

这就是似曾相识。或者随便你怎么说都可以。但有一点是肯定的：他们努力将排练变成了现实。而他们所做的，只是简单地演了一遍弗雷德赢得了大师赛，吉姆为 CBS 报道这一事件。这个例子并不罕见，但用在这里很恰当。它告诉我们假装梦想实现是多么神奇。因为你确信排练终有一天会成为现实。

我们对**未来**的**预见**通常也会**如约而至**。

现在你应该排练什么呢？如果你已经身处梦想之地，生活会是什么样子？你会做什么？会成为什么样的人？

为什么不现在就开始行动，就像已经实现了所期望的任何愿望一样？一旦选择了你想成为的人、想做的事或想拥有的东西，所要做的就是开始行动，就好像你已经变成那个人、做到了想做的事或者拥有了想要的东西。如果你已经是一名全优生，是球队的最有价值球员，是学校的领导，是成功的音乐家，是世界级的艺术家，或是成功的商

人，等等，你会怎么表现呢？你会怎么想、怎么说、怎么做，如何举手投足，如何穿戴，怎样对待他人，如何处理钱财，吃饭，生活，旅行，等等。要对未来的自己有个清楚的认识，并朝着这个形象行动起来。

成功人士用"假装"法则来建立信心。此外他们还：

* ✳ 索求他们想要的东西。
* ✳ 认为一切皆有可能。
* ✳ 冒风险。
* ✳ 庆祝成功。
* ✳ 储蓄一部分收入。
* ✳ 与他人分享。

但最重要的是：你也可以像他们那样！所有这些事在你变得富有和成功之前都可以做起来。

事实上，这种行为会加速你通往梦想中的生活的旅程。不要等到有人告诉你，你是有才华的，你才觉得自己有才华。不要等到自己成为百万富翁后才相信你能成为百万富翁。不要等到你取得了一些杰出的成就后才相信自己可以成功。现在就开始吧！只要开始表现得好像自己行，你就能在现实生活中吸引帮助自己成功的人和机会。

特里萨，16 岁（加利福尼亚州，帕萨迪纳）：我一直想成为一名设计师，但没有信心。我们当地市中心有一家很酷的服装店，我经常去。慢慢地我知道了店主是谁，但却从来没有胆量和她说话。听说"假装"法则后，我的第一反应是真不错，就是不知道如何把它应用到我的生活中……后来有一天，我正在一家咖啡馆吃午饭，结果那个时装店老板走了进来。我意外得差点被口中的三明治噎到！我当时想："真应该上去和她谈谈在她店里工作的事。但是如果她不喜欢我怎么办？如果我说了什么蠢话怎么办？如果……？"我马上打断了自己的联想。

我想起了"假装法则"，我知道这次机会难得，必须试一试。于是我闭上眼睛，假装自己已然是一名成功的设计师。我的恐惧慢慢消失了。我走到店主面前，告诉她我对服装设计的热情。我们相处得非常融洽。她邀请我去参加另一次面试。我高兴极了。两周后，我被录取了。那个夏天，我从这位女士那里学到了很多。她甚至把我介绍给行业内一些非常有影响力的人。我简直不敢相信。这让我知道，即使你不得不"假装自己能行"，也不是什么大不了的事，因为大脑也不知道什么是真、什么是假。假装自己是一名成功的设计师让我信心倍增。如果那天我连试都没试，我肯定不会有今天的成就。

9.2 "相约未来"派对

你喜欢参加派对以开心放松一下吗？当然啦！那要是这个派对能永远改变你的生活呢？哦？那是什么派对？

来个"相约未来"的派对吧。形式如下：首先让你的朋友们想一想五年后他们可能在什么地方，想成为什么样的人，做什么工作，取得了什么成就。对自己理想的未来有了想法后，他们现在就得按照未来的方式生活，也就是说他们必须以五年后的身份来参加聚会。每个细节都得考虑到位，包括服装、步态、谈吐、道具，甚至口音。没错，所有的细节！告诉他们这个机会难能可贵，可以预先体验自己以后的生活。

客人们到达后，让一个人在门口提醒他们整个聚会所谈论的必须是五年后的未来，谈话重点要放在他们的成就上，让他们感到高兴的事，最自豪的事，以及下一步有什么计划。派对想要开得成功，秘诀就在于要一整晚都待在角色里。你认为自己能做到吗？

当然，你也必须在派对上扮演你的角色。如果你的目标是成为一名奥林匹克运动员，那么就穿上运动服，脖子上挂一块仿制的金牌。要是想成为一名警察，那就穿戴得像个警察——徽章、帽子、靴子，所有穿着细节都准备好。要是百万富翁呢？那就像富翁一样去思考，去打扮。要是著名作家呢？那就带着几本有假封面的样书去，就当是自己的作品，边走边读《纽约时报》畅销书名单（将你的名字放在名单上的显著位置）。如果想成为一名成功的音乐家，就做一件印有你乐队名称的 T 恤衫，穿得"好像"你在音乐会上一样，记得带着你的乐器去参加派对。

这些派对显然是很好的笑料，也很有意思。但参加派对的人也会在心理上实实在在获益。"相约未来"会让你的脑海中满是自己已经实现梦想的强大形象。这些生动的体验，加上你在派对上所有美好的感受和情绪，会提升你的自尊，让你对自己更认可。而这些反过来又会增加你的信心，同时向大脑表明你可以实现自己的梦想。

我们亲身体验过"相约未来"派对，所以知道它们有多么强大（也很有趣）。我们认识的每一个参加过这种派对的人也都这么说。如果你还不知道，那就只有一个办法了：试一试！跟朋友或即将毕业的同学约定举办一个这样的派对，相信你会铭记终生，我们保证！这个经历等你在二十年后回首往事时，就可以轻描淡写地说："那时，我只是在假装，但现在……"

9.3　派对继续

派对不应该在晚上结束时就停止了。说实话，一个"相约未来"派对本身并不足以改变你的整个未来。这是明摆着的。所以还得继续努力才能实现所有目标。

杰米，18 岁（新墨西哥州，圣菲）： 我感觉这个想法有点怪，但我的朋友打算办一个"相约未来"派对。我不知道自己是否真的想去。其中的一个原因是我不知道自己想成为什么样的人。但是办这个聚会的想法也让我开始思考。这是我第一次真正停下来思考未来五年或十年会做什么。我记得小时候我想成为一名侦探，而我最近对电视剧《犯罪现场调查》很感兴趣，这似乎启发了我。

我去参加了派对，假装自己已经是一名法医侦探了，而且我还玩得很开心。这很奇怪，我也不知道怎么解释。但那晚之后，我发现自己更容易相信我可以成为一名侦探，如果我真的想的话。我可以表现得好像我有能力实现这个目标，因为在派对上我已经练习了几个小时了。

派对结束后，我接着扮演侦探的角色（未来的自己），现在我对自己更自信了，好像什么时候需要自信，我都能随时调遣一样。这让我在自我怀疑时依然能朝着目标采取行动。比如，在聚会之前，我对大学里选哪些理科课程感到犹豫不决，但是通过持续不断地练习体验派对上的那些想法、情感和行为，我的自信和自尊也一点点增强了。现在我的专业和相应的课程都已选好，甚至我的未来也基本有了方向。这种一切尽在控制之中的感觉真不错。

我的待办事项清单

☑ 要认识到，我对自己的信念会决定我将成为什么样的人。

☑ 从今天开始就假装自己已经实现了所有的目标。

☑ 在思想、谈吐、打扮、行为以及感觉上靠近自己想成为的那个
人，把对自己的积极认知提升一个层级。

☑ 坚信：如果足够努力，踏实践行"假装"法则，我就能实现
目标。

☑ 为我的朋友和／或毕业年级举办一个"相约未来"派对。

☑ 相信我对自己和未来的期望将决定我的未来。

法则 10

先
做起来
再说

只用眼睛**盯**着水面永远**穿越**不了大海。

——拉宾德拉纳特·泰戈尔
1913 年诺贝尔文学奖获得者

有没有体验过从山上往下推雪球？刚开始的时候，雪球滚得很慢，也很容易停下来。但滚着滚着它的速度就越来越快，球也越来越大。最后雪球的速度非常快，快得好像几乎没有什么可以阻止它！当然，如你所知，这种速度和力量被称为动量。虽然雪球的动量我们一下子就能明白，但生活中我们却常常忘记使用自己的动量。实际上一旦我们采取并开始行动，下次再采取行动就会变得容易得多。在这个过程中，我们会获得更多信心和能力，最终我们的势头也会不可阻挡。

每当我们承诺要做一件事时，就意味着开启了动量的过程。这个过程一旦开始就会成为一股看不见的力量，带给你更多的机会、资源，更多可以帮你实现梦想的人。但这一切都始于第一步。我们必须迈出这第一步，然后我们必须全心投入。小马丁·路德·金说得好：

踏出信心的**第一步**，
不必去**看**整个**楼梯**，
只要**踏出第一步**。

10.1 迈出第一步

如果对待任何事都有"先做起来再说"的心态，我们会更愿意迈出第一步，尽管一开始可能无法弄清整体的可行路径。这时我们需要的是信心，相信一旦我们开始行动，路径会逐渐显现出来。

有梦却不知道如何实现，我们就会害怕开始，不敢对自己许诺，因为道路不明确，结果不确定。但是"先做起来再说"的心态要求我们首先要愿意探索，愿意进入未知水域，相信终有一天港湾会出现在你面前。

生活中充满了不确定因素。因此，由于害怕犯错，许多人一生都在等待完美的、没有风险的必胜机会送上门。只有碰巧遇到这样的完美机会（这几乎是不可能的），他们才开始行动，开始奋斗。这真是大错特错！这些人像看客一样静待成功自己找上门，最终在等待中虚度了自己的生活。

事实上，**人生唯一不费吹灰之力就能得到的是衰老！**（是的，听起来不像是什么好的回报。）迟早有一天，我们得自己找机会创造新的可能。当然，生活充满了不确定性，但如果什么都不做，等待我们的只能是一无所获。

那些超级成功的人刚开始追求梦想时也不知道结果会怎样，但是你会发

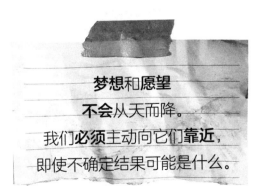

梦想和愿望不会从天而降。我们必须主动向它们靠近，即使不确定结果可能是什么。

现，这些人都有一个共同点：他们都承诺会尽最大努力，即便不确定自己是否会成功。这种全身心投入和大胆尝试就是我们说的"先做起来"。

只要开始，然后按部就班地完成你认为必要的步骤就可以了。这个旅程会带你去梦想中的地方，甚至更好的地方。

10.2 从经验谈起

所有成功人士都有一些共同的特征。其中之一就是他们愿意在没有成功保证的情况下尝试一些事情。这正是本章法则发挥作用的地方。我们可能都听说过热门电视节目"流言终结者"，也目睹了节目主持人卡里·拜尔是如何验证各种传说、寓言以及神话的。但是，卡里是如何成为节目主持人的？这是一个有些不同的自我发现和不断坚持的旅程。下面让我们来读读她的故事。

"青少年时期的生活对我来说并不容易。我很害羞，很笨拙。但这一切在我高二的时候有了变化。我下定决心准备开始新的冒险。当时我用的就是"先做起来再说"法则，只是我还不知道。

有时候，追梦路上的摸索能帮我们找到人生目标，引导我们追寻自己的命运。

"然而，并不是所有的事情都能如我所愿。我试着参加了高中的音乐剧，除了三个人，其他人都成功了。是的，我是那三个人中的一个。

我完全崩溃了，但尽管很痛苦，我意识到这次经历并没有把我打垮。相反，这意味着我可以再尝试其他的东西。

"我也不是门门考试都能及格，也没有进入我试训的每一个团队。我只是个普通人！但每次尝试新的东西都让我变得更加强大。我发现抓住的机会越多，我的信心就越大。最终，我加入了舞蹈队，在那里结识了更多像我一样的朋友。对我来说，寻找与我志同道合的人真的很重要。我们会互相鼓励走出舒适区，迎接新的机遇。这种积极的同伴压力促使我独自环游世界，这曾经是我一直想做却非常害怕去做的事。

"一毕业我就收拾好行李，买了机票，开始到世界各地不同国家旅行。这对我来说是一大步，因为在这之前，我从来没有旅行过。而现在我要从一个国家转到另一个国家。这次旅行真的拓宽了我对生活和我们所生活的这个世界的看法。我的信心更强了。

"旅行回来以后，我决定尝试一些我感兴趣的不一样的工作。我知道自己真的很喜欢艺术，但不知道如何以艺术为生。一开始，我找了一家广告公司的工作，报酬很高，但我发现它不适合我。然后我冒了很大的风险辞了职，来到了 M5 公司。这是一家加利福尼亚的公司，专门为广告、电视节目和电影做特效，那时杰米·海纳曼（《流言终结者》的联合主持人）是我的老板。我从收入颇丰，有明确、稳定的职业道路，混到工作没有报酬，不知如何谋生。但我还是冒险去追寻梦想，很高兴我这样做了。

"在 M5 公司，我发现做特效和玩具原型设计是我实现艺术理想的方向。通过在 M5 公司的实习和努力工作，我向杰米证明了我有能力做得更好。

"后来杰米给了我一个机会，让我参与《流言终结者》其中一集的制作。这是我大显身手的机会。我全力以赴，最终得到了一个全职电视节目录制的相关工作。其余的大家都知道了，我就不再赘述了。

HAVE PATIENCE
AND YOUR TRUE
CALLING WILL
BE REVEALED.

"我现在的工作有趣、新鲜，我跟聪明人一起工作，做有意思的实验，还参与主持一档电视节目！这些我从来都没想过，甚至几年以前连做梦都没梦见过。多么神奇！如果敢于冒险并追随自己的心，生活会变得多么美好。如果你有感兴趣的事或者你感兴趣的事有机会出现，要愿意去尝试，或者像杰克和肯特说的那样，先做起来再说。"

生活会奖励那些采取行动的人。不要因为做起来容易就把时间浪费在你不感兴趣的事上。生命可贵，我们浪费不起。只有抓住机会，勇往直前！不要等有成功的把握再去做，也不要等信心找上你才行动，否则你可能永远无法行动。只有行动起来才能成功，才能有自信。我绝对相信，成功的关键是抓住机会，证明自己。

做一个"青少年"意味着机会多多。这是不断尝试寻找自己的兴趣爱好的最佳时机。有勇气去尝试是非常重要的。如果失败了，振作起来再试试别的。我的生活就是这样改变的。我今天所享有的所有成功都始于那个青少年时期的自己。走出舒适区，抓住新的机会，让我有能力过上超乎想象的美好生活。如果我可以做到，你也可以。

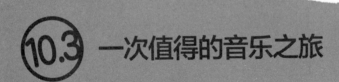

10.3 一次值得的音乐之旅

每一次失败都意味着还有**另外一条路**可以走。
你要做的就是找到它。
遇到**路障**，就**绕道而行**。

——玫琳·凯·艾什
玫琳凯化妆品公司创始人

有时，我们的梦想实现的过程并不像我们最初预期的那样顺利。尽管我们很努力，但似乎也没有取得想要的进展。然而这并不意味着梦想遥不可及，这通常意味着我们需要尝试不同的路径来实现愿望。每到一个路口，每遇到一次挑战或者路障，我们都必须愿意去尝试，否则永远也不知道什么是可能的。

贾娜·斯坦菲尔德热爱音乐，一直想成为一名歌手。她不知道自己的梦最终会把她带到哪里，但她知道自己必须找到答案。于是她全身心地行动了起来。她先是上了一些歌唱课，然后在当地乡村俱乐部找到了一份周末唱歌的工作。这时她面临着一个选择：是继续在家乡工作生活还是离开家乡到别的地方去。做决定并不容易，但她知道，为了追寻梦想，她得搬离这里。贾娜选择先行动起来，所以她收拾行李，前往田纳西州的纳什维尔。

在长达三年的时间里，她在纳什维尔生活工作。在这里，她遇到了很多音乐同行，有喜欢她作品的制作人，有想把她的歌放在下一张专辑里的音乐家，也有唱片公司说她很出色。但遗憾的是，谁也没给她一个确切的答复，一切仍然悬而未定。

后来她来到一家唱片公司工作，从内部了解了这个行业。她不得不面对现实：没人能向你保证什么。最后她承认，如果继续坚持寻找签约的机会，就像把头往墙上撞，不会有什么好结果。当时她还没有意识到，人们在奋斗途中遇到的路障，会迫使我们走上另一条路，一条可能更适合我们真正的目标的路。

贾娜知道即使无法前

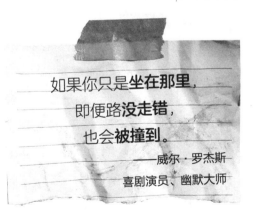

如果你只是**坐在那里**，
即便路**没走错**，
也会**被撞到**。
——威尔·罗杰斯
喜剧演员、幽默大师

进，也仍然可以右转或左转，不管怎样，必须继续走下去。她意识到有时急于实现梦想，往往就会钻牛角尖，认为实现梦想的方式只有一种。在贾娜的例子中，这种方式就是一份唱片合同。

但实际上，如果你知道自己真正追求的是什么，实现目标的方式有很多种。贾娜也很快意识到了这一点。她发现自己想要唱片合约还有一个更深层的动机。她在日记中写道："我想把音乐、喜剧、故事、动机与我的音乐融合起来。我是一名艺术家，我的艺术之路正在渐渐明朗起来。就这样，挡在我面前的路障被清除了。"

认识到这一点后，她抓住一切机会演出，只要人们愿意，她什么地方都去。"哪怕只有两个人的场子，我也会带上吉他。"这是贾娜的座右铭。在那段时间里，她也在不断尝试如何一边做音乐一边赚点钱养活自己。她想做的事没人做过，这是一个新的领域。没有已知的职业道路可循，没有前人的脚步可以追随。她不知道自己要往哪儿走，也不知道该如何达成目标，但她一直在努力争取。

贾娜开始打零工，同时也在思考如何利用好她对音乐和人的热情的办法。她打电话给教堂，说："让我去唱两首歌吧，给您一个了解我的机会，也看看我有什么能帮上忙的。"后来，转折点出现了！有几个教会邀请她去演出。才听了两三首歌，人们就纷纷问她是否有录好的磁带可以带回家听。于是贾娜开始制作自己歌曲的副本，一个个地寄给大家。在这期间，她的朋友一直劝她制作一张专辑。

贾娜想："我才不做呢，做了也不是真正的专辑。只有唱片公司做的才算数。自己做只会显示我有多么失败。"但是朋友们坚持让她做。

最后她又一次忙活起来。

她找来录音师，付钱让他把她的十首歌放在一起。然后在打印社做了封面，最终录制了一百份。"我当时想，这些磁带得一辈子才能卖完吧。"每次到一个新的地方演出，贾娜都会把专辑放在一张小桌子上，以便在表演结束后出售。这时，另一个转折点出现了。

"我丈夫和我一起去了孟菲斯的一个教堂，"贾娜回忆说。"那儿的人觉得在教堂里放一张桌子摆上我的专辑不合适，所以就把桌子摆在了停车场。"

教堂礼拜结束后，贾娜的专辑一共卖了三百美元，这比她全职工作一周的薪水还多五十美元。拿着这三百美元，贾娜第一次意识到原来她也可以做喜欢做的事情来养活自己。

如今，贾娜的公司——"主题音乐会"每年会为世界各地的团体制作五十多场励志音乐会。她成立了自己的录音公司。公司一共制作了八张贾娜的唱片，销售量超过十万张。一些业内最受尊敬的音乐人也开始录制贾娜的音乐。她也曾为肯尼·洛金斯（Kenny Loggins）开唱，也上了很多电视节目，如《奥普拉·温弗瑞秀》，电视新闻杂志节目《20/20》《今夜娱乐》以及海岸广播电台等。此外她还参演了电影《8秒》。

贾娜·斯坦菲尔德实现了她的梦想，成了一名作曲家和唱片明星。所有这些都是因为她能遇事先做起来，相信眼前出现的路。如果你也能为梦想行动起来，相信成功之路早晚会出现，你就一定能实现自己的梦想。这就像在雾天开车，有时候能见度只有十米。但如果你一直向前，你看到的路就越远，直到最终到达目的地。

10.4 放手试一试吧

大多数青少年在被问及"你想做什么"或"你长大后想成为什么样的人"时，通常会下意识地回答："我不知道。"的确，这样的问题回答起来可能比较棘手。事实上，我们在十几岁的时候也说过同样的话。但为什么后来我们的人生轨迹就不一样了呢？有的人终身漂泊、无依无着，而有的人则在人生的航程上扬帆远行，最终抵达让人欣喜的目的地。这些差异的根源就在于是否愿意放手尝试，奋力一搏。

我们能做的最糟糕的事情就是坐着什么也不做，妄想诸如"你想做什么"一类问题的答案会有一天自己送上门来。很抱歉，这是不可能的！一般在听到有人回答"不知道"时，我们会接着问一个后续问题，例如："如果我们生活在一个完美的世界，你想怎样度过自己的一生？"或者"如果你知道自己不会失败，你会努力成为什么样的人或做什么事？"

问完这些问题后，通常我们就能得到不同的回应了。有时对方会说，"我一直想演戏"，或者"我觉得当厨师会很有意思"，或者"小时候我很想当一名＿＿＿＿＿＿［填空］"。这是非常有用的信息！我们能做的最有用的事情就是挖掘自己已有的兴趣，试试水。换句话说，对什么感兴趣，先试一试，看看你是否喜欢它……也就是先做起来。有时候面对有挑战性的问题，如果我们不向前迈一步试试看，就永远不会找到明确的答案。

如果有什么东西一直吸引着你或让你感到好奇，就仔细研究一下。如果对表演感兴趣，就去试试校园戏剧，看你是否真的喜欢。如果想拥有一家自己的零售店，就去采访那些已经开店的人，或者看看能否到店里实习。如果喜欢艺术、素描和设计，那么可以申请一个暑期艺术和设计学校。

这个法则中最有力的部分是采取行动。想一想：如果不先动起来，我们什么事都做不了。伟大的事情不会偶然发生。我们必须敢于冒险，放手一试。只有广泛体验不同的事物，验证我们到底对什么感兴趣，才能得到有价值的反馈。这些信息可能会影响我们未来生活的整体方向。这是多么激动人心啊！

凯拉尼，18 岁（夏威夷州，火奴鲁鲁）：我把我的高中职业顾问逼疯了。这么说吧，我不是一个非常果断的人。每次有人问我"你想在生活中做什么"或者"你想学什么专业"，我的脑子就一片空白。

我的成绩不是很好，所以我总是不自觉地限制自己的选择。"我想成为一名医生，但我成绩不够好。"或者"我觉得当个厨师也不错，但我也不确定……要是我不喜欢怎么办？"我的职业顾问最后说："你总是说想当医生啊、厨师啊、警察啊，为什么不试试，看看自己到底喜欢什么？"

她说得很对。我一直在等待内心那个清晰的声音说"你应该这样活"。但后来我意识到，短时间内不会有这样的"声音"出现，于是我就按她说的做了。高中三年级时，我开始尝试不同的事情。很显然我不能只"当一天医生"就什么都知道，但我确实与经验丰富的医生前辈们谈过，还向他们提出了很多问题。

我在一家餐馆找到了一份兼职工作，还和一个当警察的亲友一起"巡逻"。几个月后，我发现自己并不想成为医生、厨师或警察。但是在这个过程中，我确实学到了很多东西！有时候发现自己想做什么的最好办法就是先排除那些不想做的事情。

这一经历拓宽了我的眼界，让我看到了许多其他从未考虑过的选择。在与无数从事不同职业的人交谈后，我结识了一位营销公司老板。没想到的是，我真的很喜欢在他的公司工作。做营销是我之前连想都没想过的，但我却非常喜欢。我也因此决定选营销作为自己的专业。选定专业后我开始努力学习。我发现课上认真听讲没那么难了，成绩也比以前好多了。现在回想起来，我觉得如果不是先试了其他感兴趣的领域，我可能就不会发现自己真正的兴趣是营销。

10.5 先做起来

> 千里之行，**始于足下**。
>
> ——中国谚语

 管生活总是充满不确定，但未来并非不受我们控制。唯一需要确定的是我们自己的承诺和专注。如果能掌握本章的这一法则，你就能有足够的动量和信心，坚持不懈克服困难，最终达成梦想。就像雪球一样不停地滚动，越滚越大。

记住，无论是想方设法坚持下去，还是改变当前正做的事情，抑或改变努力的方向，我们都能做到。但我们也得明白，无论做什么，只有迎难而上做起来，成功才能最终到来。如果想寻找机会，就先迈出第一步，带着为了成功做什么都心甘情愿的心，做起来吧。

我的待办事项清单

☑ 要明白，没有任何有价值的事情是偶然发生的。我必须向梦想迈进，相信正确的道路会在我前进的过程中不断出现。

☑ 要认识到，即使是超级成功的人，在刚开始追寻梦想时也不知道确切的结果会是什么。

☑ 要认识到，成功者有一个共同点：他们在寻求成功的路径上全心全意、全神贯注。

☑ 承诺任何时候都要尽最大的努力，即便在无法保证成功时也应如此。

☑ 要知道，迈出第一步往往是最困难的。但一旦行动起来，就能累积动量，助力成功。

☑ 遇到路障时，要知道这并不是一个死胡同，可能它想暗示我们要改变当前的路线。

☑ 向梦想靠拢，今天就行动起来。

法则 11

直面恐惧

我们中有太多人**没有实现**自己的**梦想**，
因为我们一直**生活在恐惧之中**。

——莱斯·布朗
作家、励志演讲人

不管我们是谁，在哪里，做什么事，我们都得应对恐惧。

许多人认为成功人士肯定知道如何回避自己的恐惧。事实并非如此。恐惧是很自然的，每个人都要面对，都要处理。

恐惧实际上反映了大脑在尽职尽责，比如：提醒我们穿越繁忙的街道时要小心奔驰而过的车辆；提醒我们开车时注意自己的位置，因为前面的司机在车道上反复变道；提醒我们把钱包放好。所以恐惧是非常自然的反应，对我们来说也非常有用！不幸的是，大多数人被各种恐惧（甚至对成功的恐惧）牵绊，没能采取必要的行动来实现梦想。

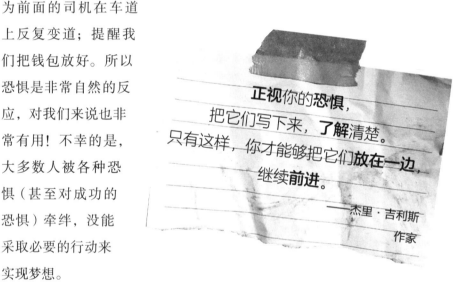

正视你的**恐惧**，把它们写下来，**了解**清楚。只有这样，你才能够把它们**放在一边**，继续**前进**。

——杰里·吉利斯
作家

而成功人士则不同。他们同样会感到恐惧（就像我们其他人一样），但却不会让恐惧阻碍他们。他们知道面对恐惧要勇于承认、体验并接受。换句话说，他们感受到了恐惧，但该做的事照做不误。

几百万年前，恐惧是身体向我们发出的信号，提示我们已经离开了自己的舒适区，周围可能存在危险。我们体内的肾上腺素水平会随着恐惧急剧上升，以便危急时刻我们好有力气逃跑。然而现代社会不再需要我们跑得比嗜血的剑齿虎快了。事实上，现在我们面临的许多恐惧和威胁根本就威胁不到生命。

11.1　勇于冒险

恐惧是不可避免的，我们需要学会与之相处。有些人为了避免让人不舒服的恐惧感，会不惜一切代价。问题是这样的话，这些人冒的风险更大，他们可能永远得不到想要的东西。生活中大多数最甜美的回报都需要我们承担风险，而风险会造成对不确定性的恐惧。"如果事情不成功怎么办？"然而有些时候，我们必须愿意迎难而上，迈出第一步。

说到风险，来看看好莱坞！看看电影业！那些上映前被很多人热捧的"票房大片"上映后扑街的故事太多了。当然也有很多不被看好、希望渺茫的影片，上映后不仅惊艳了一众影评人，就连制片人自己都很意外。杰夫·阿奇就是其中一个例子。他是汤姆·汉克斯和梅格·瑞恩主演的经典影片《西雅图不眠夜》的编剧。写完这部热门电影后，杰夫决定，下一部电影他不仅要写剧本，还要亲自做制作并当导演。

虽然没有制片和导演的背景，但为了获得更大的回报，他愿意承担风险。杰夫在一次采访时说：

我想编写并执导一部价值两百万美元的喜剧，那是我这辈子下的最大赌注。我从来没当过导演，拍戏的钱也主要是自掏腰包，还有筹集来的一些资金。这真是个不成功便成仁的局面。我觉得这件事后来能做成，有一点是非常重要的（而很多写成功法则的人都忽略了），那就是你的内心必须愿意感受担心害怕。但这种害怕并不会把人吓得无法动弹。相反，这是一种好的恐惧，让你保持警惕。

我知道人必须相信自己的梦想，即使每个人都说你是错的也无须理会，因为你仍然可能是对的。遇到一个自己认定的事时，你可能会说："就这个了，我把所有身家都押在这上面了，这事必须成功。钱，信誉，所有的东西统统扔到这个新项目上，它要么是全垒打，要么是三振出局，没有中间选项一垒打或二垒打。"

我知道这样做很恐怖，但我也有信心。这事至少不会要了我的命。可能我会因此破产、负债、失去信誉，重新来过也会难上加难。但幸运的是，电影这个行业并不会因为你搞砸了就杀了你。我觉得我成功的秘诀之一就是愿意接受并感受恐惧，而很多人并不愿意这样做。这也是为什么他们没能实现更大的梦想。

11.2 幻象似真

几乎所有的**恐惧**都**可战胜**，
只要下定决心。
记住，
恐惧**只存在于头脑中**。

——戴尔·卡内基
作家、培训师、演讲家

现代人不必再比剑齿虎跑得快，这就意味着几乎所有的恐惧都是我们自己制造的。基本上，我们在面临任何活动、项目或机会的时候，都会先想象出负面结果来吓唬自己。幸运的是，既然一切都是我们自己想象的，我们也可以选择停止想象，也就是停止恐惧。如何做到这一点呢？要面对事实本身，而不是脑海中的恐怖场景。选择理智，合乎逻辑。可以用下面这种方式看待恐惧（FEAR）：

幻（Fantasized）；

象（Experience）；

似（Appearing）；

真（Real）。

你是否也把不切实际或不可能发生的恐惧带进了自己的生活？可以按照下面的方法自我检查一下：

把你害怕做的事列一张清单。注意，不是你害怕的东西，比如怕蛇、恐高等，要罗列害怕做的事，可以写，"我害怕……"

❋ 捡起一条蛇。

❋ 站在建筑物或悬崖的上面。

❋ 在课上举手发言。

❋ 邀请某位美女出去约会。

❋ 去跳伞。

❋ 在同学面前发表演讲。

❋ 去我喜欢的商店申请工作。

✳ 创办自己的企业。

✳ 向一个朋友面对面道歉。

✳ 向老师询问可能提高成绩的建议。

写完后在另一张纸上用以下模板重新描述每一种恐惧：

我想 _____，但我想象出 _____ 的画面来吓唬自己。

这句话能让你意识到所有的恐惧其实都是我们通过想象未来的负面结果而自我创造的。就用清单里"举手发言"做例子，用上面的模板写完应该是这样的：

我想在课堂上举手发言，但我想象出自己会结巴或者其他同学会嘲笑我的画面来吓唬自己。

这样重新表述后你会发现这些恐惧都是自己制造的，我们其实是滥用了自己的想象力。想象力是我们非常强大的工具，但任何工具使用起来都有两面性——既可以起到积极作用，也可以产生消极后果。如果想象力天马行空得过了头而失去控制，就可能对我们不利，会阻碍我们的发展。上面的简单练习告诉我们，许多恐惧并不像它们看起来那么可怕。你会发现大脑只是在关注我们不希望发生的事情。意识到这一点，我们就可以改变自己的注意力，找到勇气正视恐惧，勇敢前进。

有勇气不是指没有恐惧，而是指意识到**有比恐惧更重要**的事。

——安布罗斯·雷德蒙
音乐家、作家

⑪.3 看见"更加光明"的未来

当我们想象一些可怕的事情发生，如飞机坠毁时，大脑就在利用图像的力量来强化我们的情绪。负面的心理画面越强烈，我们就越害怕。那我们要是想一些积极的画面，会不会扭转这种恐惧感呢？现在就让我们看看这么做的力量吧。

斯科特，16 岁（加利福尼亚州，圣迭戈）：在上一节的练习中，我写下了对在课堂上发言的恐惧。这一条对我来说很重要，因为马上我就得为接下来的一项作业做汇报。在用新的模板重写恐惧时，我意识到自己正在想象的事情可能永远不会发生。然后我注意到自己一边写一边不断看到可能发生的最糟糕的事情。一看到这些图像，我就有一种肠胃痉挛的感觉。

所以我开始往积极的方面想，想象自己在教室前面轻松地做着汇报演讲，同学们在下面或点头微笑，或放声大笑（当然是和我一起），仔细聆听我说的每一句话。然后我发现自己的感觉有了一点变化。通过不断想象自己做得很好，我脑海中的画面变得越来越清晰、明亮。与此同时，我发现自己的肠胃也不像以前那样痉挛了。

当最后不得不发表演讲时，我毫不犹豫地走到教室前面，就像之前已经做过演讲一样。恐惧感并没有完全消失，但我已经有足够的信心来面对它，并最终做了演讲。结果我做得非常好，而且我为自己没有放弃而感觉更好了。

11.4 记住你的胜利

你学过跳板跳水吗？如果学过，可能你还记得第一次走到跳板边缘往下看的情景，"妈呀！我可不跳！"当时你下意识里就是这么想的吧？

站在跳板上，眼睛到水面的距离可能看起来非常长，着实有些吓人。你当时完全可以看着爸爸妈妈或者教练，对他们说："我现在太害怕了，不想跳了。我想先回去调节一下，等我不害怕了再回来跳。"

不会吧？！你没对他们这么说。恰恰相反，虽然害怕，你还是不知不觉中鼓起了勇气跳进水里。浮出水面后，你使劲地游到泳池边，连着做了好几个深呼吸。肾上腺素的急速上升，风险中生存下来的激动，以及从空中跳入水中的兴奋，是你此刻真切的感受。一分钟后你又做了一次，然后又做了很多次。不知为何，跳水变得很有趣。很快，所有的恐惧都消失了。你又开始尝试那些更有挑战的新花样了：抱膝跳，甚至还有后空翻。

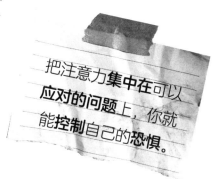

把注意力集中在可以应对的问题上，你就能控制自己的恐惧。

还记得以前的那些经历吗？第一次开车或者第一次约会？用类似这些比较正面的经历做个模板，描述一下生活中的事是如何发生的。新的经历总是感觉有点吓人，这是正常的，新鲜事物的特质就是会让人有些害怕。但每一次选择面对恐惧并设法突破它，你就会建立起更多的信心。

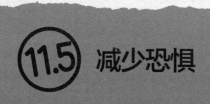

11.5 减少恐惧

最近，我们采访了阿曼达，一个非常有动力，既专注又坚定的女孩子，她的目标是上斯坦福大学。但在过去一年中，阿曼达说她其实变得非常紧张、害怕。我们问了她几个问题，发现她头脑中有一个非常消极的"大图"。

实现目标的过程中她感到压力巨大，让她难以承受。"如果我做不到呢？如果学校觉得我做得不够好，没有资格申请呢？怎样才能保持心态平和、自信坦然呢？"她这样问道。

阿曼达描述了她在考试前是多么紧张，而这些测试对她来说通常是很简单的，但她总是担心不能充分发挥自己的能力。与我们交谈之后，她意识到自己的许多恐惧要么是不现实的，要么是无法控制的。为了帮

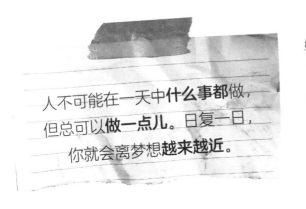

人不可能在一天中**什么事都做**，但总可以**做一点儿**。日复一日，你就会离梦想**越来越近**。

她重建信心，我们研究了如何通过关注她可以控制的事情来最大限度地控制她的恐惧，也讨论了集中精力一次完成一件事的重要性。阿曼达将她的巨大目标分解成一个个小的行动步骤，每天按照计划完成一个小步骤。这样做以后，她不再那么紧张害怕了，整个人变得更加放松了，表现得更好了，也开始享受实现梦想的这个过程了。

如果恐惧感大到让你什么都做不了，那就专注于更小、更可控的挑战，这样能帮你减少恐惧。每次专注于一个步骤或一件重要的事，你会发现恐惧更容易控制。有时候，我们的目标或梦想有点儿大，让我们喘不过气，但如果你有一个明确、可行的计划，专注于接下来要做的那一步，而不是总想着实现目标而必须做的每一件事，你就不必如此恐慌。

(11.6) 减少风险

进步总是伴随着**风险**。你不可能心里想着**偷二垒**，却把**脚放在一垒上**。

——佚名

乔尔，17岁（南卡罗来纳州，查尔斯顿）：去年我搬到了一个新社区，那里有一个著名的网球俱乐部。我想加入这个俱乐部球队，但我以前很少打网球。别的队员已经打了很多年，比我强得多。所以刚开始入队打球时，那种感觉很别扭，有时还很难堪。但我还是把目标定得很高。

我的目标是参加地区性的网球比赛，不过每次一想起这个我就怀疑自己的能力，担心自己会被打得很惨，在几百人面前丢脸。可我没有放弃这个目标，而是把它拆分成很多小一点儿的目标。每次我都专心学习一项技能，就这样，一步步，我终于在一次训练中迎来了自己的第一场胜利。然后我参加了自己的首场正式比赛。在那之后又参加了我的第一次锦标赛。我越来越有信心，打球技术也得到了提高。

后来，参加地区网球比赛的目标似乎不那么难以实现了。到比赛那天，我已经准备好了。虽然今年没赢，但我觉得自己表现得还不错，明年我肯定会做得更好。

降低为实现目标所必须承担的风险，有助于缓解我们的恐惧感。如果你想做毕业演讲，先集中精力在自己的课堂上做一次精彩的演讲。如果你想学习一项新的运动，从较低的技能水平开始，熟练掌握后再升级难度。降低风险才能减少恐惧。

怎样才能降低风险，为完成更具挑战性的目标做准备呢？有时候我们需要的就是一些更小的垫脚石。但要小心：我们要降低的是风险，不是梦想。

11.7 放手一搏

恐惧从来**不是放弃的理由**，它只是一个**借口**。

——佚名

肯特：几年前，我看到一个电视广告说："来吧，来报名，大声说出来。"嗯，有点一头雾水……我继续看。"我们是新开设的电视节目，正在全国范围内举行试镜，寻找美国下一个伟大的励志演讲家。"

"哇，"我心想，"好像挺有意思。"接着一种异样的感觉袭来。我知道自己的内心是想去试镜的。当时和我在一起的朋友看到我脸上的好奇神情，说："你不会是在考虑参加这个吧？这可不像你。"

听他这么说，我的那些怀疑和不确定跑了出来。"嗯，你说得对，"我说道，"我干不了这个。"那时候我一共才做过大概十五次演讲吧（如果可以称之为演讲的话）。可以说我基本上没什么经验，然后突然间就要参加类似《美国偶像》这样的节目，只是不是唱歌，而是要上台演讲！我在想什么呢？！那时候，公开演讲是我最害怕的事。我肯定做不到这一点。但后来我想起了一句话："做你最害怕的事，恐惧就终结了。"同样很怪异的感觉笼罩着我。我只知道我必须去试镜。我真的想学习如何成为一个更好的演讲人，而这是一个非常好的机会。

一位朋友开车陪我去参加试镜。报名时我被安排在下午五点上场，但直到晚上十点钟还没叫到我。朋友开始感到沮丧了。"这太荒唐了！看看这些人。你真的觉得自己会成功吗？咱就不能回家吗？"听了这番话，我有点动摇了。几个小时的恐惧已经耗尽了我的精力，我内心深处真的很想离开。

我感到害怕（不对，应该是害怕极了），但我还是决定去试试。直到上台前的那一刻，我还在一遍遍地改写试镜要求的三分钟演讲稿，写得手都抖了，连笔都握不住了。这时我听到对面屋子里传出一个声音："下一个！"终于轮到我了。我的面前有一个巨大的摄像机和五位评委组成的评审组。"那好，让我们听听你的三分钟灵感吧。"主评委说。我的心怦怦直跳。我张开嘴，话就开始说出来了。这是我一生中最长的三分钟。

一周后，我接到一个电话。"肯特，恭喜你进入前二十强。最后一轮的试镜你能回来参加吗？""嗯……当然可以。"我咕哝着回答道。这一轮试镜比之前更加激烈，但我正视恐惧，跟随内心。

漫长的一天终于结束了，成绩公布，我成功入围前十。相信我，我当时很震惊。谁能想到我即将参加全国性的电视节目，在演播室现场的观众和数百万的电视观众面前演讲。真的难以置信。我是作为最年轻的参赛者参加比赛的，比其他选手差了至少十岁。最终我并没有赢得这个节目，但我学到了很多东西。我的信心增强了，这一经历也塑造了今天的我。现在的我给世界各地的观众做演讲，这在三年前只是一个梦想。那次经历告诉我，除非正视恐惧，紧紧抓住梦想，否则我们永远不会真正知道自己能做什么。

11.8 相同境遇，新的机会

为了保持平和快乐，我们必须认识到，生活中不能总是试图控制每一个结果。为梦想竭尽所能，然后顺其自然。如果结果不如所愿，不要崩溃颓废。

其实有时候我们想要的结果并没有以我们预期的方

式出现。这就是生活。但要准备好吸取生活中的教训，也许还会有新的或更好的机会出现。

罗布，28 岁（加拿大，多伦多）：小时候每次有人问我长大后想做什么，我都回答说想在国家冰球联盟打球。但随口说说是很容易的。难的是你是否真的做了该做的事情来实现梦想。对我来说，这意味着要面对许多恐惧：在大庭广众之下打球会让我感到不安；害怕让队友们失望；不能忍受进攻被对方守门员挡住。但随着时间的推移和训练上的专心投入，我克服了这些恐惧，只有一件事除外。

大学的时候，一切都比较顺利，看起来前途一片光明的样子。我当时打得非常好。联盟中的顶级教练也对我印象深刻。然后，我被邀请到国家冰球联盟的一支职业球队去试训。我的梦想正按计划完美展开。试训伊始，大家都比较看好我。我也比较努力，每一天都竭尽所能。我知道自己有很大机会进入该球队。但在选拔赛的倒数第二天，我的膝盖受伤了，一股强烈的疼痛钻进我的腿，疼得让人怀疑人生。

被抬出冰场的时候，我还在祈祷自己能完成试训。不幸的是，我伤得很严重，三条韧带撕裂，还有一定程度的神经损伤。我不愿意相信这是真的。经过多次 X 光检查和测试，医生说我需要做手术。我的膝盖会恢复，但以前在国联打球时的力量和敏捷性不会再有了。我完全崩溃了。一想到梦想可能再也不能实现，我真的难受极了。为了尽早康复，我花了大量时间与医生和理疗师沟通，问了很多问题，学到了很多关于肌肉群和身体如何运转的知识。令人惊讶的是，我对这一领域有了兴趣，决心在接下来的几年里致力于成为一名骨科医生。

现在我有了医学学位，加上之前在打冰球时建立的关系，我可以跟许多专业运动员一起工作。尽管没能成为国家冰球联盟的一员，但我仍然可以继续参与我所热爱的运动，并且和世界上的顶级运动员一起工作。如果我所做的事能帮助其他人实现目标和梦想，对我来说每天也都是幸福的。

11.9 拼搏

害怕的时候，就去**做**让你**害怕**的事。
很快你对它的恐惧也会**消失**。

——诺曼·文森特·皮尔

恐惧是我们每个人都必须面对的问题，无论我们是谁，来自哪里，有什么样的目标。所以感到害怕的并不是你一个人。每个人都会有紧张或怀疑的时候。然而普通人和非凡人物的区别就在于如何应对恐惧。

恐惧是一个很好的导师，但它不应该是决定我们行为的唯一力量。只有承担一定的风险，我们才能更强大、更明智、更有能力。不要让恐惧替你选择命运。

一个人**最大的错误**就是一直害怕自己会犯错。

——佚名

我的待办事项清单

☑ 要认识到，恐惧是生活的自然组成部分。

☑ 要知道，我的许多恐惧并不足以威胁生命。我可能滥用了想象力，在头脑中制造了这些恐惧。

☑ 写下我害怕做的事，用下面的新模板重新描述它们：我想_____，但我想象出_____的画面来吓唬自己。

☑ 感到恐惧时，要知道我在脑海中创造了图像。可以通过想象色彩明亮、艳丽、清晰的积极图像来扭转这一情况。

☑ 记住曾经克服恐惧的经验，用同样的方法处理目前的情况。

☑ 先承担较小的挑战和风险来减轻恐惧，积累信心，提升能力，以应对更大的恐惧，追求更大的梦想。

☑ 即使感到恐惧，我仍然会向梦想和目标大胆迈进。我不会让恐惧替我选择命运。

法则 12

愿意付出代价

我**足足**花了十六年时间才得以**一夜成名**。

——尼克·诺特

演员

著名歌手珠儿·基尔彻在签约第一张唱片前住在面包车里，辗转于各个城市的咖啡馆演出。金·凯瑞从一个喜剧俱乐部换到另一个，也只能勉强维持生计。迈克尔·乔丹甚至没能进入自己高中的篮球队。西尔维斯特·史泰龙在自编自演电影《洛奇》之前遭到过无数次拒绝。亿万富翁泰德·阿里森在发家之前也曾破产两次。华特·迪士尼破产了七次，他甚至在成功实现远大梦想之前就已经精神崩溃了。

这样的例子不胜枚举。但例子背后隐藏的信息其实很简单：每个伟大成就的背后都离不开教育、训练、实践、自律甚至牺牲。

我们听说过很多一夜成名的故事，但那些成名前付出的辛劳、汗水和泪水却不为常人所知。

归根结底，你得愿意付出代价才能成功。真正的成功必须是干出来的。这就意味着也许你得少看电视，以便拿出更多的精力来学习或实践。也许你还得少吃垃圾食品多做运动，才能得到理想中的身材。也许你得被迫减少购物消费，为大学攒学费。或者你得愿意走出舒适圈，向梦想迈进。

实现个人目标需要做很多事情，但如果是心甘情愿去做就会立刻增加成功的机会。愿意付出代价的心态能帮助我们在面对压倒性的挑战、挫折，甚至身体受苦受累时坚持下去。

12.1 熟能生巧

比尔·布拉德利是普林斯顿大学的全美篮球运动员，效力于美国职业篮球联赛的纽约尼克斯队，赢得过一枚奥运会金牌，还入选了名人堂。他是如何在篮球场上表现得如此出色的呢？首先，上高中的时候，他每天要在球场练习四个小时，天天如此。

在他写的《现在与过去》一书中，布拉德利描述了自己的篮球训练方法。"队友离开后我还要留下来训练。我的训练日常一般以定点投篮结束：我站在五个不同位置，每个位置连续投中十五次。"如果哪次没投中，他就从头开始。在大学和职业生涯中，他一直坚持这种做法。

布拉德利说，他是在参加由圣路易斯老鹰队的教练艾德·麦考雷主办的夏季篮球训练营时养成这种习惯的。艾德曾说过："你不练的时候，别人在练。当有一天你们两人相遇时，在能力大致相当的情况下，他就会赢。"比尔将这一建议铭记于心，而日复一日坚持不懈的努力也得到了回报。比尔·布拉德利在高中四年的篮球比赛中得了三千多分。不可思议吧！

PERFECT!
NOW, JUST
99 MORE
TO GO.

12.2 为什么不呢？

在艺术的世界里茁壮成长是比较困难的，但困难并不意味着不可能，特别是如果你愿意付出代价的话。问问威兰就知道了……

多年来，威兰是典型的穷困艺术家，一切只为梦想而活。人们经常问他："你为什么要这样做？卖你自己的画挣钱几乎是不可能的！"但这并没有阻止他。他一边画一边兜售自己的作品。他在当地的高中举办了艺术展，一幅原创作品只卖三十五美元。终于有一天，连母亲也开始对他大加指责。她说："艺术不能当饭吃，它只是一种爱好。现在出去找一份正经工作吧。"第二天，母亲把他送到了底特律失业局。在接下来的三天里，他连续做了三份不同的工作，却都被解雇了。威兰没有心思在工厂做那些无聊的工作。他想发挥创造力，想画画。

一周后，他把自己的地下室变成了一个工作室，没日没夜地画起来。最终他的作品为他赢得了底特律艺术学校的全额奖学金。威兰每时每刻都在画，一路走来，他设法卖掉了自己的一些作品，好几年都在勉强维持生计。但他很坚定。毕竟，艺术是他唯一想做的事，所以他一直不停地练习创作。

有一天，威兰意识到，他得搬到一个艺术氛围浓厚的地方，以滋养自己，启发灵感。

去哪里呢？加州的拉古纳海滩。带着梦想，他搬进了一个狭窄的小工作室，在那里工作生活了好几年。后来有一天，他被邀请参加一年一度的拉古纳海滩艺术节。在艺术节上，他学会了如何与收藏家谈论他的艺术和作品。不久之后，夏威夷的画廊里出现了他的作品，并且还卖掉了，但是没有给他钱。

威兰试图通过其他画廊高价出售自己的画作，但结果都不尽如人意，他的挫折感越来越强烈。同样，钱也没到他手里。威兰决定成立自己的画廊。这样，他就可以控制画作销售的每一个环节，比如作品如何展示，如何装裱，以及如何销售等。

现在，在拉古纳海滩开设第一家画廊二十六年后，威兰每年要画多达一千件作品（其中一些作品的售价为二十万美元）。他在夏威夷、加利福尼亚和佛罗里达州拥有四套房子，过着他一直梦想的生活，再也不是当年底特律失业局的那个威兰了。

你是否想像威兰一样，把爱好变成事业？只要愿意付出代价，你也可以在喜欢的事情上获得巨大成功。"开始的时候确实得吃点苦头，"威兰说，"向他人屈服。但是，能以自己的方式最终获得成功，还有什么比这更好的呢？"

12.3 成功的背后

据我所知，要想在生活中**有所成就**，唯有**努力工作**。
无论你是音乐家、作家、运动员，还是商人，
都绕不开这一点。**努力**就会**赢**，反之则**输**。

——布鲁斯·詹纳
奥运会十项全能金牌获得者

奥林匹克运动员们为了赢得比赛要投入成百上千小时进行训练，这样的故事不胜枚举。《今日美国报》的作家约翰·特鲁普做了一些相关研究，揭示事情的真实情况。他写道：

奥林匹克运动员平均每天要训练四个小时，每年至少三百一十天，持续六年才会成功。变得更好始于每天的锻炼。到早上七点，大多数运动员的运动量已经超过了许多人一整天的运动量……所以在天赋相同的情况下，训练有素的运动员通常可以胜过没有认真努力的人。通常他们在起跑线上也更有信心。在奥运会之前的四年里，跳水名将格雷格·卢甘尼斯的每一跳可能都练习了三千次。体操运动员金·兹梅斯卡尔可能至少做了两万次翻转动作，而珍妮特·埃文斯（世界级游泳运动员）已经游完了二十四万多圈。训练是有效的，但它并不容易。游泳运动员平均每天训练十英里，以每小时五英里的速度在泳池中训练。这听起来可能不快，但他们在整个训练过程中的平均心率为160。试着跑上一段楼梯，然后看看你的心率。想象一下这个心率要持续四个小时会是什么样！马拉松运动员以每小时十英里的速度平均每周要跑一百六十英里。

或许成为一名奥林匹克运动员并不是你的目标，但方法可以借鉴。通过不断练习，每次都竭尽所能，在任何事情上你都能成为世界级的高手。任何游戏，包括人生这场游戏，如果想赢，就得愿意做出必要的牺牲。

重要的不是获胜的意愿，每个人都有这种意愿。
重要的**是为胜利而努力的意愿**。

——保罗·"熊"·布莱恩特
最成功的大学橄榄球教练，取得了三百二十三场胜利，
包括六个全国冠军和十三个东南联盟冠军

12.4 投入时间

尽管我们拥有的天赋、教育和支持不尽相同，但我们都有相同的时间。一天只有二十四小时，一周有一百六十八个小时，一年有八千七百六十个小时。如何度过这些时间是对个人生活质量产生影响最大的因素。

不要犯这样的错误，即等到一切都"恰到好处"才开始。就从你目前所处的位置开始。现在就要下决心，不管要做多少工作，需要多长时间，也不管会有什么挑战，都要把事情做完。对于自己当前的状态和明天过什么样的生活，你都要全权负责。不要找借口。看看下面这些例子：

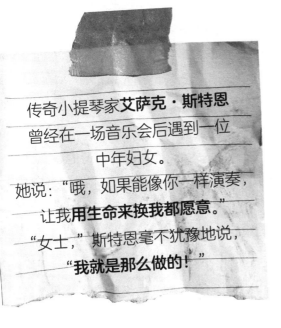

传奇小提琴家**艾萨克·斯特恩**曾经在一场音乐会后遇到一位中年妇女。

她说："哦，如果能像你一样演奏，让我**用生命来换我都愿意。**"

"女士，"斯特恩毫不犹豫地说，**"我就是那么做的！"**

✳ 十三岁时，茉莉·劳伦斯有一次用了一种护发产品，结果头发受损严重。她彻底对市场上这些刺激性化学产品失去了信心。但她没有抱怨，而是做了一个解决问题的方案：创办自己的公司——伊甸园护肤工厂，一个全天然的护肤品品牌。太年轻了，是吗？没有这回事！

现年十六岁的茉莉是一位经验丰富的首席执行官，年纪虽小却大有作为。"做首席执行官可不轻松，"她说，"在过去的几年里，我牺牲了许多去看电影、参加聚会的机会，才能有时间经营自己的生意。"那这些时间花得值吗？"当然！"她答道。事实上，茉莉的成功甚至引起了媒体的注意。《奥普拉·温弗瑞秀》也曾邀请她参加节目，这是多么大的成就！"我从未想过会有这样的事发生，我非常感恩自己的成功，"茉莉说，"但如果没有过去几年付出的时间和代价，我是不可能有今天的成就的。"

❋ 你可能听说过或看过一个超级成功的电视剧，叫《急诊室的故事》。这部作品的编剧是获得艾美奖和皮博迪奖的迈克尔·克莱顿。他的书已售出超过一亿册，被翻译成三十种语言，有十二部被拍成电影，其中七部是他亲自导演的！这些书包括《侏罗纪公园》《刚果惊魂》《昏迷》《龙卷风》和《西部世界》。他也是唯一一个同时在图书、电影和电视剧方面成绩斐然的顶级大咖。即便有了这些才能，迈克尔仍然说："书不是写出来的，而是改出来的……这确实让人不太容易接受，尤其是改了七次还不满意。"

❋ 在体操团体赛中，日本体操运动员藤本从吊环上下来时必须完成一个完美的翻腾三周才能赢得金牌，而当时他的膝盖是断的！这是一个关于勇气和承诺的非凡例子。后来，藤本在接受采访时说，尽管他在先前的地面练习中膝盖受伤，但他看得出来整个比赛的结果就看他的表现如何。"疼痛像刀子一样刺透了我的身体。"他回忆说，"疼得我眼泪都流了出来。但现在我有了一块金牌，疼痛也消失了。"

❋ 世界著名作家欧内斯特·海明威在写《永别了武器》时一共改写了三十九次！这种精益求精的精神让他最终赢得了普利策奖和诺贝尔文学奖。

才华比餐桌上的食盐都便宜。
有才之士和**成功人士**之间的**区别**
在于是否投入大量的**辛勤劳作**。

——史蒂芬·金
畅销书作家，出版作品四十余部，
其中许多已拍成电影

12.5 保持势头

美国国家航空航天局（NASA）的火箭起飞时，仅仅为克服地球引力就耗费了总燃料的很大一部分。而一旦火箭超越了地球的引力，在接下来的航程中就几乎不费什么力了。

就像火箭一样，你会经常发现在为理想的生活奋斗时，最困难的时候往往是开始。而一旦行动起来，成功就会一个接一个地累积叠加，甚至比原来预想的还要多。

任何一个运动员都是这样走过来的。刚开始的时候，他们每天都保持高强度的训练和严格的自律。后来，艰苦的训练得到了回报，他们赢得了金牌或世界冠军。然后受邀做代言、演讲、零售带货等。许多其

痛苦只是暂时的，
收益却是永远的。

他机会也纷至沓来，让他们可以稍稍放慢脚步，充分利用自己在职业生涯期间闯下的势头。

这只对运动员有效吗？绝对不是。学界、商界，或任何领域，我们在做每一件事时都要竭尽所能，力求做到最好，为自己积攒势头。当这成为一种习惯时，你就能在余生收获回报。

杰克：我刚开始做演讲的时候没有人听说过我。慢慢地，随着演讲越来越多，我的演讲水平不断精进提升，我的名声也一点点大起来。而新的、更好的机会也不断向我涌来。写书的情况也是如此。我花了很多年时间才变得擅长写作。但是看看现在的我，得到了多少生活的馈赠啊，这一切只是因为多年前我投入了时间和精力。

12.6 把灵感付诸行动

所有成功人士都知道，如果你愿意在一开始就付出代价，未来几年内就会享受到好处。音乐人、演员瑞恩·卡布雷拉知道"付出代价"意味着什么。我们来听听他的故事吧。

瑞恩，24岁（加州福尼亚州，洛杉矶）：我十六岁时在一场现场音乐会上看到大卫·马修斯的表演，是他激励我拿起吉他学习演奏。那时候我对音乐一无所知，但就在那一天，我有了一个崭新的梦想——成为一名音乐人。我不知道该如何开始这一音乐生涯。但我愿意不惜一切代价成为最好的自己。

我拿出所有的钱请了一位声乐老师来帮我提高演唱水平。这比我想象的要艰难得多。我把它称为"尚格·云顿声乐训练学校"。老师让我每天做一千二百个普拉提倒踩单车（类似腹肌练习），又让我一边唱音阶一边把椅子举过头顶。这可太折磨人了，但确实有帮助。

因为我没有钱，我也没有太多的自由。我把自己关在房间里，日复一日地连续练习了五个月。在这期间，亲人朋友们说什么的都有。父母让我去找一份"真正的工作"。朋友们认为我"疯了"。还有人对我说，"这个年纪才开始学吉他太晚了"。但我没有动摇，仍然坚守梦想。

因为足够坚持，在接下来的几年里，我得到了在几家大的唱片公司试唱的机会。

最终我签约成功。这种感觉真是太好了。诚然，我花了一些时间来积蓄力量，但现在我的生活与之前相比截然不同了。我有了自由，有了漂亮的房子，甚至还收获了真正伟大的友谊。但所有这些的背后有一点毋庸置疑：如果我没有付出代价，就不会有今天的成就，也不会享受这么多的成功。

12.7 挺过笨拙的阶段

任何值得做好的事情都不必在意开头做得好不好。

——马歇尔·瑟伯
电影《疯狂躲避球》的编剧和导演

不管你有多大的天赋，接触新鲜事物时都要有个熟悉的过程。还记得你第一次学习骑自行车、开车、演奏乐器、玩杂耍或者尝试某项运动的时候吗？一开始总是很笨拙别扭，但你自己心里知道，刚开始学习，笨一点儿很正常，这是学习过程中的一部分。要想学会新技能，笨拙是必须的。

其实这种学习之初的笨拙在我们做任何事情的时候都会出现。我们必须愿意经历这一别扭甚至尴尬的阶段，才能变得更好。年轻时对于这个学习过程我们自然而然地就接受了。但随着年龄的增长，我们愈加害怕犯错，就直接不让自己经历那种尴尬笨拙的阶段。我们太过害怕做错，结果回避了很多本可以让生活变得有趣兴奋的处境和挑战。为什么呢？就是为了避免那个笨拙的阶段！

杰米，26 岁（佛罗里达州，迈阿密）：整个青少年时期，我一直想学滑雪。但是住在佛罗里达州意味着没有雪……附近也没什么地方可以练习。我总是翻看别人在白雪覆盖的斜坡上滑行的照片。但我也从朋友那里听说滑雪板很不好学，一次次从板子上掉下来让人尴尬无比。我其实内心还是想去学的，但我也紧张害怕，怕学习的过程痛苦尴尬。所以我一直停留在想学的阶段，没有真正付诸行动。

时间一分一秒地过去（确切地说是八年过去了），直到有一天机会出现了，这一次我无法拒绝。我不想再拖延了，所以我就去做了。我让自己难堪了吗？是的。我痛苦地摔倒了吗？是的。但这值得吗？当然值得！

所有成功的人
曾经都是初学者。

我不相信自己一直等到二十四岁才开始学滑雪！迈出学习的第一步时我才意识到，如果当时自己还是没行动，生活简直无法想象会是什么样。我结交了一些原本怎么也不会认识的好朋友，而且我也更有信心去尝试新鲜事物了。凡事总归要从某一点开始，所以没有必要担心。这件事让我知道，学习新事物时的尴尬别扭只是暂时的，但收获却是长久的。

第一次约会，在班级面前做演讲，参加学校话剧试演，参加达人秀表演，或者加入一个新的团队，这些可能都会让人很尴尬。但如果我们知道这只是生活的一部分（而且每个人都会经历），就会更愿意尝试新事物。要获得一项新技能或者想在任何方面做得更好，就必须愿意承担看起来很愚蠢的风险。

所有的成功人士——体育人士、演员、商人、艺术家、音乐家——都经历过尴尬，也都学会了如何克服这种尴尬。正因为他们愿意付出代价，承担风险，坚持不懈，他们才最终获得了成功，成为所在行业的佼佼者。你也一样能行！

12.8 代价是什么?

为了实现梦想, 你愿意付出什么代价? 当然, 如果你不知道代价是什么, 就没法付出。所以有时候奋斗的第一步是找出实现目标需要哪些步骤。知道自己要做什么, 就可以在心理上做好准备。

肯特: 三年前我认识的一个人一心想要买某款汽车。他对这款车的热情很高, 打定主意非买不可。当然, 攒够钱以后车终于买到手了。但他没有意识到的是, 为了保住这辆车, 他得做出不少牺牲。他不得不做两份兼职, 赚钱支付余下的车款及维修和保险费用。结果, 他不得不退出棒球队的训练, 慢慢远离了朋友, 没有了社交生活。用他自己的话说, 他"牺牲了高中生活"。现在三年过去了, 车已经卖掉了。如果能回到过去, 他宁愿自己当初没买那辆车。在他看来, 这个代价其实是不值得的。

WELL, THE PRICE IS RIGHT, BUT CAN I AFFORD THE TIME AND ENERGY?

其实这不仅仅是金钱上的代价。如果你的梦想是成为一名专业的电竞游戏玩家, 你就得问问自己花费这么多时间练习游戏是否值得。如果最终一切都是徒劳的, 又没有退路可走, 这个风险值不值得? 这一选择会对你的家人、朋友以及自己的健康有什么影响？你是否有足够的时间去做你想做或必须做的其他事情？

提示：为了实现与你类似的梦想，其他人付出了什么代价？可能你得做个调查。

找出几个已经做了你想做的事的人，列个名单采访他们，了解一下他们在这一路上不得不做出的牺牲。

调查过后你就会知道是否有些代价超过了你想要付出的范围。可能你并不想为了某个目标而拿自己的健康、人际关系或整个人生的积蓄去冒险。权衡所有的因素是很重要的。你想要的豪华汽车可能并不值得你牺牲友谊、课业成绩或打破你生活的平衡。

只有你自己才能决定什么是适合你的，以及你愿意付出什么代价。也可能你想要的东西从长远来看对你并没有什么用。但如果真的有用，那就看看自己需要做什么，挺过尴尬的阶段，迎难而上，放手去做吧。有了足够的动力，一切皆有可能！

我的待办事项清单

☑ 要认识到，每个伟大的成就背后都离不开教育、训练、实践和
自律。真正的、持久的成功不是一蹴而就的。

☑ 要认识到，开始是最困难的部分，但如果我愿意做出一些牺牲
并采取行动，就能累积一定的势头，惠及余生。

☑ 尽管我们拥有的天赋、教育和资源不尽相同，但我们都拥有同样
多的时间。如何安排这些时间将对我们的生活质量产生最大的
影响。

☑ 要意识到，尝试新鲜事物时笨拙尴尬是暂时的，但回报却可以
持续一生。

☑ 找出实现目标要付出的真正代价是什么。

☑ 采访那些已经做了我想做的事的人，了解他们为实现目标所做
的牺牲。

法则 13

问！
问！
问！

你得学会开口问。

在我看来，**询问**是世界上通往**成功**和**幸福**最强大却又**最不被重视的秘诀**。

——珀西·罗斯
白手起家的百万富翁、慈善家

生活中有很多东西只要我们有勇气去问一下就能得到，无论是答案、提示、技巧、好处，还是机会，问问也许就解决了。纵观历史，无数的例子证明，有的人仅仅因为问了关键问题，生活就发生了根本性的改变。

如果克里斯托弗·哥伦布没有向女王要一支船队，他能发现新大陆吗？（我们现在又会在哪里呢？）想象一下，如果托马斯·爱迪生没有开口申请资金来完成他的许多实验，包括研究灯泡的实验，你此刻就得在黑暗中读这本书了！

当然，约翰·肯尼迪总统也向美国人民提出了这个强有力的要求："不要问你的国家能为你做什么，而要问你能为你的国家做什么。"正如你所看到的，寻求帮助并不限于弱者和无力者；它是所有机智勇敢的人的工具！

泰格·伍兹之所以能成为一名杰出的运动员，是因为他在正常训练之外还要求有额外的训练和指导。好莱坞明星比尔·默里刚出道时为了成名，请来当时非常受人尊敬的喜剧演员约翰·贝卢斯做导师，打磨自己的表演。伟大的莱昂纳多·达·芬奇也曾请另一位备受尊敬的艺术家韦罗基奥来指导他。二十一岁的查德·佩格莱克也申请到了二百五十万美元来实现自己的目标。（很快你就会知道他是如何做到这一点的。）

当我们有勇气提出正确的问题时，我们就在使用更多的潜力来实现非凡的结果。索要我们想要或需要的东西会为我们打开许多新的大门，在这些大门后面是无限的可能。

（13.1）询问创造新机遇

肯特：如果不向别人求助，我的梦想就会很短命。出版公司刚成立时，有一段时间我连付账单的钱都没有。我找到那些对我有信心，相信我能成事的人，问他们是否愿意借钱给我，让我维持经营。虽然这么做并不容易，我也觉得有点不舒服，但我想让生意继续下去。我知道如果我不开口，没有人会把钱塞进我的口袋。其实我发现大多数人在遇到年轻人求助时，都愿意帮助他实现目标。

问了很多人后，我确实得到了维持生意所需的资金。如今所有的贷款都已偿还，我享受着拥有一个成功企业的满足感。但如果当时我没有寻求他人的支持，我就绝对不会有现在的成就——做我今天所做的事情。

每当看到那些成功的企业家、音乐家、演员、运动员、作家、舞蹈家和演讲家，我们可能会觉得他们是靠自己走完了整个奋斗旅程。其实很少有人是这样的。在大多数情况下，事实恰恰相反。几乎所有的成功人士——尽管他们可能看起来很不一样——都曾请求别人给予帮助。请注意：请求并不是一种软弱的表现，而是一种勇气和专一投入的象征，表明你愿意为长久的成功付出代价（还记得吗？）。

想一想自己生活中的那些经历，如果不是你问了第一个问题从而打开局面，就没有以后的事了。也许你正在和某个人约会，如果你不先约他（她）出来，他（她）就不会和你在一起；或者如果你不向老师征求建议、提示或申请延长时间，也许你就完不成那篇重要的学期论文了；也许正是因为你问了商店样品能否打折，你才能以八折的价格买下那个MP3播放器；还有免费活动门票——那次，仅仅因为你问了一下，你就得到票了吧？所以你的那些请求看起来很简单，却实实在在影响了你的生活，这你都看到了吗？

许多例子表明，人们仅仅通过请求就获得了难以置信的资源、机会和收益。这是最有效的成功法则之一。但令人惊讶的是，它仍然是我们许多人回避的一个挑战。大多数人恰恰是因为没有主动索要他们所需的信息、帮助、支持、金钱和时间而阻碍了自己的发展，无法充分发挥自己的潜力并实现自己的梦想。但你不是这样的，至少现在不是了！让我们找一些方法来克服对请求的恐惧，这样你就可以索要自己所需要的东西，以此来构建真正想要的生活。

13.2 我不敢问

为什么人们这么害怕去问呢？原因有很多，比如，如果表现得很需要什么东西或者傻乎乎的，会让自己尴尬。没有人愿意经历这些！但我们发现阻止人们开口请求的最常见的原因是害怕被拒绝。他们连听到拒绝这个词都害怕。

仔细想想你就会发现，这些害怕开口的人实际上是在什么事都没发生的时候就提前拒绝了自己。换句话说，他们是在别人还没有机会拒绝他们的时候就先对自己说了"不"。这两句话再仔细琢磨琢磨。你这样想过这个问题吗？

总是假设自己的想法或要求会被拒绝，这无疑是最束缚我们自己的做法之一。相反，如果冒着风险去寻求自己的所需所想，就算真的被拒绝了，也不会比刚开始的时候更糟糕吧。要是问了以后对方同意了呢？那你的处境就好多了啊！开口问吧，争取吧，问了之后你就可能约到那个心仪已久的对象，得到更好的任务，在剧中得到角色，与更有意思

的小组一起工作，有机会组建团队，或者获得帮助来完成某个项目或开创自己的事业。谁知道呢？机会是无限的！

提示：注意你问自己的问题。别总想着"如果他们说'不'呢？"或者"如果不成功呢？"试着问自己一些新的、积极的问题，如"如果他们说'可以'呢？"或者"如果真的成功了呢？"不要因为害怕遭到拒绝而束缚、限制了自己。积极的问题问得多了，大脑就会开始寻找并认识到向他人求助的好处。意识到的好处越多，你就越有信心。而你也会发现恐惧不会让你退缩，因为采取行动所带来的积极结果会激励你去接近他人，寻求帮助、支持或资源。

13.3 问的艺术

何开口提出我的需求呢？"这是非常好的问题。提出需求，并得到你在生活中想要或需要的东西是一门具体的科学。但别担心，这并不像火箭科学那样复杂——比那简单多了！这里有一些简单的方法可

以帮到你：

1. **带着得到肯定答案的期望之心去问。**问的时候不要只是祈祷、在心里希望，要以你极其期望得到想要的结果的方式去问。要假设你已经得到了别人的同意或得到了你需要的资源，带着这样的心态去问。就像一切都已经说定了一样。假设你能行，不要一开始就假设你什么也得不到。如果要做假设，那就假设你能而且也会得到想要的结果。话虽如此，提出请求时一定要态度谦和，不能傲慢。期待得到肯定回答的同时，要保持善良和耐心。假设你能在球队中站在想要的位置上；假设你能获得奖学金；假设当你邀请他或她参加舞会时，他或她会答应你；假设你会在星期五晚上用上这辆车，得到戏剧中的角色，得到你需要的帮助，得到这份工作。消极的假设就是与自己作对。假设事情会按你希望的方式发展，你就会有更多的动力去实现目标。

2. **向能给予帮助的人求助。**询问之前要衡量一下这个人，看他或她是否符合条件。在决定向谁求助时要有明智的判断，这样才能获得你想要的东西。可以先问自己一些问题，例如："想要得到……我得找谁谈？""谁能允许我去……？""谁有我需要的资源，用来做……？"以及"为了得到这个结果，我接下来会遇到什么事？"

3. **提出的请求要清晰具体。**我们做演讲时经常问观众："谁想要更多的钱？"下面有人举手，我们挑选其中一位并给他（或她）一美元。然后问道："现在你有更多的钱了，你满意吗？"那个人通常会说："不，我想要更多的钱。"于是我们又拿几个硬币给他（或她），接着问："这回够了吗？"

"不够，我还想要更多。"

"好吧，你到底想要多少？这个'更多'游戏可以一直玩好几天，但好像永远也达不到你想要的数。"

这个人通常会给我们一个具体的数字。然后我们就会借机指出，在提出要求时做到具体精确是多么重要。

记住，模糊的要求只会带给你模糊的结果。如果想要一个具体的结果，你的问题和要求必须是具体的。这么说是什么意思呢？一起来看看下面的例子。

不要说：可以给我一个更好的座位吗？

要说：我可以坐前排的那个位置吗？

不要说：能不能捐点钱支持我们的乐队？

要说：能不能捐一百美元给我们的乐队，这样我们就可以去参加全州乐队比赛？

不要说：这个周末我们能不能一起度过一段时光？

要说：星期六晚上能和我一起出去吃饭看电影吗？

不要说：能辅导我一下历史作业吗？

要说：能不能星期四放学后抽出一小时辅导我一下历史作业？

4. **多问。** 第一次开口就能得到自己想要的东西，这种想法是不现实的。一定不要把第一次的拒绝看成一个死胡同，这一点至关重要。成功最重要的法则之一就是坚持，不放弃。

每次请别人为自己的梦想助力，遭到拒绝是很正常的。这并不是针对你个人，他们可能有其他更重要的事要做，或者已经答应了别人，或者有其他没法帮你的理由。这并不是对你或者你的梦想的否定。

奋斗的过程中听到否定的声音也是付出的代价（记得

A DASH OF CONFIDENCE.
A SPLASH OF VISION.
ASK ALL THE RIGHT
QUESTIONS, AND...
VOILA
A RECIPE
FOR SUCCESS.

吗？）的一部分。要接受这个事实，即在前进的道路上会遭遇拒绝，但重要的是别放弃，不要就此停止，要继续问。可能只是你问的时机不对，或者有一些不可预见的情况，也可能你该去问问别人了。

孩子们很善于索要他们想要的和需要的东西。虽然我们年长很多，但也要保持这种奋力争取的精神，不要因为遭到拒绝而影响自己。那些相信自己能得到想要之物的人总是保有积极的期待，最终也能享受到更多的好处和机会。关键在于要保持高昂的精神状态，坚持下去。

13.4 选项里没有"不行"这两个字

在课堂上观看了一部关于墨西哥的纪录片后，十二岁的杰西卡·威尔蒙特受到了启发，有了一个新的梦想。她想做点什么来帮助那些生活在贫困中的墨西哥人。她不明白，在离她只有几百英里的地方，人们怎么会没有她每天享受的基本生活必需品，比如头顶上的坚实屋顶、自来水、干净的浴室、电等等。

她设定了一个目标，为恩塞纳达的一个墨西哥家庭建造房屋。恩塞纳达是她在纪录片中看到的城市之一。唯一的问题是，她不知道如何去做。但这并没有阻止她，因为她并不害怕寻求帮助。她用水笔和彩色铅笔制作了一份传单，描绘了自己的目标。然后她复印了很多份，发给朋友、家人和同学。

起初，并没有多少人支持她。人们觉得她的想法很"可爱"（她记得人们是这么说的），但并没有意识到她的决心有多大。"传单没有真正发挥作用，因为他们不相信我真的要做这件事。"杰西卡说，"我必须找到一种新的方法，让他们知道我是认真的。"

杰西卡没有气馁，而是想别的办法来寻求支持。她亲自写信寄给社区里的其他人，但并不奏效。她试着在学校发起捐款，但筹来的钱也不多。她甚至举行了一次旧货售卖活动，制作并出售工艺品和圣诞卡，但这也不像她希望的那样有效。尽管如此，杰西卡依然没有放弃！

怀揣着这唯一的梦想，杰西卡一心要做出改变，因此她不会接受"不行"这个答案。于是她开始向大人、父母和企业主寻求帮助和各种经济上的支持。最后，她的坚持不懈有了回报。

她想让人们知道她一定要实现这个目标。于是她不仅说服了朋友和同学参与进来，还赢得了许多大人的支持。有人捐了钱；有人奉献时间；有人拿出自己的车辆为推动这件事顺利进行提供后勤保障。

九个月后，杰西卡和她的十六名队员带着几辆满载的卡车和货车出发前往墨西哥的恩塞纳达。他们一起建造了一栋简陋的房子，送给当地一个急需住房的人。"他们不停地感谢我们。"杰西卡说。

杰西卡不仅永远地改变了这些家庭成员的生活，还亲身体验到，寻求帮助并坚定地追随梦想，可以改变我们自己的生活。尽管只有十二岁，杰西卡感到非常有信心，因为她知道无论自己梦想有多大，她都可以获得支持、帮助和资源来实现自己的目标。

如果一个十二岁的孩子能够从一无所有开始，筹集数千美元，组建一个十六人的团队，前往另一个国家，为那些不那么幸运的人建造房屋，那么你也一定可以寻求到所需要的东西，让梦想成为现实！

13.5 惊人的数字

每个人都知道做一个上门推销人员可能真的很难。但到底有多难呢，先来看看统计数字吧。据统计，上门推销人员 90% 的时间都在遭受拒绝，这还不包括他们遇到疯狗、怪人以及意外障碍等糟心的事。这意味着他们在完成一单交易之前，十次中至少有九次会被拒绝。想象一下吧！而成功的销售员选择专注于可能成交的那 10%。他们知道自己必须走访一百所房子才能完成十笔销售。

肯特：我们的第一本书终于出版时，正值公司资金窘迫，我和哥哥迫切需要收入来支付各种开支。之前我们也向别人请求过资金支持，来帮助我们创业，但现在得让大家买我们的书，这样公司才能继续运转。带着一箱箱的书，我们挨家挨户地推销，完全不知道到底能不能卖出去……

第一天，我们说服了朋友来一起帮忙，希望可以多卖一些。但实际上那天卖书的钱还不够油费的。在大多数情况下，我们甚至还没来得及向人们展示书的内容就被赶了出来。有时候现场还有看门狗，我们就不得不保持距离。有时候是大家单纯地不想跟推销员有任何瓜葛。但我们知道，如果人们看到这本书，听到我们的解释，他们就一定会买。

第二天，朋友不来帮忙了。可悲的是，折腾一天下来还是一样的结果：只卖了几本。第三天，我们又白忙活了。那时我们已经很累了，也困惑了，沮丧了。我们不打算干了，但也只是这么想想，我们压根没有"不干"这个选择。我们得挣钱来维持我们的梦想，所以只能告诉自己："继续卖吧。"

第四天，我们找到一个教堂、一家银行和一家摩托车公司进行推销，这些公司总共订购了几百本书！他们非常喜欢这本书！那天还成交了几笔小订单。仅这一天，我们就赚了几千美元！那天以后接下来的几周里，我们赚到了一些钱，偿还了一些贷款，可以继续发展业务，给汽车加油了！虽然前三天很艰难，但我们学到了很多，其中最重要的可能就是在听到"不行"的时候不要放弃。

无论你是打电话销售产品，还是请别人帮忙实现目标，规则都是一样的，你要愿意承担风险并付出代价。如果你把下面赫伯特·特雷的研究结果中的数字加起来，就会发现94%的销售人员在打完第四个电话后就放弃了。但真正有意思的是，实际上60%的销售是在第四个电话之后完成的。这表明，有94%的销售人员甚至连60%的成交机会都没给自己！真是难以置信！

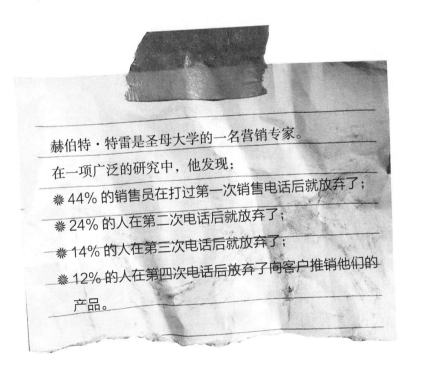

赫伯特·特雷是圣母大学的一名营销专家。

在一项广泛的研究中，他发现：

❈ 44%的销售员在打过第一次销售电话后就放弃了；

❈ 24%的人在第二次电话后就放弃了；

❈ 14%的人在第三次电话后就放弃了；

❈ 12%的人在第四次电话后放弃了向客户推销他们的产品。

不要成为这些统计数据中的一员。继续问，直到你得到想要的结果。仔细想想，我们都是以自己的方式进行推销的人。我们向人们推销想法、梦想、目标和自己的能力。即使是世界上最优秀的成就者，也必须向人们推销自己的愿景和抱负。这都是成功的一部分。我们都有能力提出问题并获得成功，但我们也必须培养出坚韧不拔的精神来执行到底。要想尽可能过上最好的生活，你就必须问、问，问，问，问！

13.6 问就行了

1997 年，二十二岁的查德·普雷格拉克将目光投向了一个真正的远大梦想。他想把密西西比河两岸清理干净。至少可以这样说，他是一位肩负使命的人，凭着最初的一艘六米长的小船和一双手一点点干起。从那时起，他在我们国家的大江大河中航行了数千英里，清除了一千八百多吨的岸边垃圾。

为了取得这些非凡的成果，查德利用请求的力量筹集了二百五十多万美元的捐款，还争取到四万多人帮他完成梦想之旅。

查德第一次意识到密西西比河的垃圾是个问题时，曾向州政府和地方政府请求帮助，但都被拒绝了。查德没有气馁，他拿起一本电话簿，翻到企业名单，给美国铝业公司（Alcoa）打电话。"因为，"正如查德所说，"美国铝业是以字母 A 开头的，电话簿中的第一个就是它。"

查德带着他对梦想充满热情的执着，要求与公司"高层"谈谈。最终，美国铝业公司给了他八千四百美元，让他自己先清理一个夏天。这是一个不错的开始。一年后，他接着给电话簿上其他以字母"A"开头的公司打电话，他打给了安海斯—布希公司（Anheuser-Busch）（即百威啤酒）。正如《史密森尼》杂志所报道的那样，安海斯—布希公司的环境外联部主任玛丽·爱丽丝·拉米雷斯还记得她与查德的第一次谈话：

"能给我点儿钱吗？"查德问道。

"你是谁？"拉米雷斯问道。

"我想处理掉密西西比河中的垃圾。"查德说。

"你能给我一份提案吗？"拉米雷斯问道。

"什么是提案？"查德回答说。

拉米雷斯最终邀请查德参加了一次会议，并给了他一张两万五千美元的支票，帮他扩大密西西比河美化和恢复项目。有了这笔额外的钱，查德又买了一艘船，雇用了一些朋友来帮忙清理这条巨大的河流。

现在查德对如何有效筹集资金越来越胸有成竹，但整个事件中更重要的是他始终渴望有所作为，做事热情持续不减，全情投入，当然还有他愿意开口向人求助。

最终，查德找到对的人提出了恰当的请求，集齐了实现目标所需要的一切资源。而且，在最终取得满意结果之前，他一直没有停止寻求帮助。现在查德有一个由律师、会计师和公司管理层组成的董事会，还有几个全职员工和数千名志愿者。

查德的奋斗之路实际上已经改变了他的生活。他不仅清除了密西西比河、伊利诺伊河、阿纳科斯蒂亚河、波托马克河、俄亥俄河和密苏里河沿岸的垃圾，还对保护河流的健康和美丽产生了新的热情。查德向人们展示，我们每个人都有责任保持环境清洁。他的愿景和梦想激励了成千上万的人，帮助他们做出积极的改变。

查德积极主动，将约翰·肯尼迪总统的话铭记于心。"不要问你的国家能为你做什么，要问你能为你的国家做什么。"他问自己："我能做什么，怎么做？"结果，他找到一种解决方案，深感自己有责任采取大规模行动来改善现状。那么，现在你应该问自己和他人什么问题，才能用积极的方式塑造自己的生活和世界呢？

13.7 现在就问

要让请求发挥力量，你必须首先愿意请求。我们的经验证明，这可能是一个可怕的过程。但好消息是它不需要保持这种状态。你可能想知道，"那么，我怎样才能克服恐惧，开口索要我想要的东西呢？"嗯，这个问题非常好，我们就把它作为第一个问题好好讨论一下。现在拿出一张纸，写出你对下面这些问题的答案，增加一点创建梦想生活的信心。

1. 列出你在家里、学校和工作上想要但通常不会开口向别人要的东西。

2. 在列出的每项旁边描述你是如何以及为什么阻止自己开口去要的。你害怕什么？在你提出请求之前，你通常有什么感觉？

3. 现在写下你不开口的代价是什么。因为自己没有提出请求而错过了什么？

4. 最后写下如果你开口索要自己所需要的东西，生活将如何变得更好。你会从中收获什么？会提前多久实现目标？

5. 为你在第一条中列出的每一件事写一个简短的句子，说明为什么你应该索要想要的东西。你会用什么办法来说服自己在生活中索要更多的东西？

记住，做任何事情，第一次往往是最困难的。开口一次，你就会越来越善于索要自己需要的东西，你也会得到真正想要的结果。希望你能花些时间认真做做上面的练习。练习做得对，带来的力量是非常强大的。弄清楚自己需要什么，现在就开始，不要再白白虚度这一天时间了。就从开口问开始掌控人生。让梦成真！

我的待办事项清单

☑ 要意识到，坚定并懂得如何提出自己的请求的人会得到更多的机会和利益。

☑ 要知道，世界上许多伟大的成就者之所以伟大，是因为他们学会了提出有效的问题，让他人助力自己成功。

☑ 养成问自己新的、积极的问题的习惯，例如："如果他们答应了呢？"以及"如果真的成功了呢？"

☑ 冒着风险去问，因为即使遭到拒绝，我也不会比开始时更糟。但如果别人同意帮忙，那我就会好得多。

☑ 提出请求表达想要什么东西时，应该假设并期望自己能够得到它。

☑ 对每个人进行衡量评估，以确保他/她是我求助的合适人选。

☑ 要求要明确、具体，这样才能有更多的机会得到我真正需要的东西。

☑ 反复询问。遭到一次拒绝并不是停止请求的理由。在得到想要的结果前要不停地问。

法则 14

拒绝
被
拒绝！

拒绝只不过是**追求成功的过程中**的一个必要步骤。

——博·班尼特

商人、作家、武术家、演讲家、喜剧演员

亨利·福特提出在装配线上生产汽车时，他知道如果这样做，汽车的舒适性和便利性都会有很大提高，人们的出行时间会减少，同时还能促进经济发展。听起来很了不起吧？但不管他的想法有多好，人们还是认为这想法很荒谬。他在寻找资金支持时被拒绝，还不断受到媒体的批评，但这并没有阻止福特先生。他拒绝了这些拒绝，坚持不懈地努力。

对于成功人士，我们不会看到他们过去的历史和一路走来遇到的困难险阻。我们所看到的是他们现在的成功。因此也就很容易认为，成功的人不需要处理拒绝问题。但事实恰恰相反。我们采访了无数伟大的成就者，他们都认为：拒绝是成功的先决条件。

所以你看，这并不是什么值得害怕的事情；相反，我们应该欢迎拒绝，因为从拒绝中吸取的教训能让我们更加强大、更加明智、更加熟练。

艾萨克·牛顿爵士现在被认为是有史以来最有影响力的科学家之一，但即使是这么有名的人，在当年也被他同时代的人认为是疯子，他的很多想法和理论在当时都不被接受。

还有，谁说女人不能开飞机？很明显，大多数人都这么认为！当航空业还处于起步阶段时，阿米莉亚·埃尔哈特听周围的人都在说妇女不能驾驶飞机！但她并不害怕打破壁垒。1932年，她抛开所有的质疑与不信任，成为第一位驾驶飞机穿越大西洋的女性。这一举动激励了更多女性成为飞行员，也激励她们追寻自己的梦想。阿米莉亚面临着极大的反对和阻力，大到足以击垮大多数其他人，但她仍然突破了长期存在的社会隔阂。

如果亨利·福特、艾萨克·牛顿爵士、阿米莉亚·埃尔阿特和其他先锋人物因为遭到同辈拒绝就放弃了自己的梦想，我们今天的世界会变成什么样呢？

14.1 拒绝是虚构的

下面我们要从一个完全不同的角度来看待拒绝这个话题：如果拒绝只是我们虚构的，生活会有什么不同呢？好吧，我们先来看一下……

首先，我们得相信拒绝只是存在于人们头脑中的一个概念。停下来想一想我们就会发现这是真的。这么说吧：如果你邀请某人出去约会，得到的答复是"不去"，那么你在问之前就没有约会，而现在问之后也没有约会。所以情况真的变糟了吗？没有，跟原来一样。

只有你自己选择让它更糟，你自己给"拒绝"额外附加其他解读时，它才会变得更糟。比如，"是的，六年级班上的那个孩子是对的。没有人会喜欢我。我是让人讨厌的鼻涕虫！"只有你在这种负面情绪的基础上进一步演绎时，拒绝才会变得更糟。换句话说，你得在那个"不"字上额外引申出其他意思，让自己感到被拒绝，你才会感觉很糟糕。拒绝只是我们在头脑中创造的东西。知道了这一过程是如何运作的，我们就可以掌控并确保拒绝不会阻碍我们。

再举个例子：如果你参加了足球队的选拔，但没能入选，那么试训前你就不在球队里，试训后也不在球队里。同样，你的生活并没有变得更糟，而是跟原来一样。没有真正拥有的东西何谈失去呢？这就是为什么说拒绝是虚构的。

事实上，问一问、试一试或积极主动一些，不会有任何损失。拒绝只有在以下情况下才是危险的：

1. 针对某个人，

或者

2. 你因为遭到拒绝而不再采取行动。

让我们仔细看看第一种情况：认为拒绝是针对自己。大多数人都会觉得被拒绝是痛苦的，但他们从未仔细想一想为什么会痛苦，只会认为这是无法控制的。但事实并非如此。你看，为了感受或体验被拒绝的痛苦，我们必须对某件事情表明个人态度，就好像它是在攻击我们，但在大多数情况下并不是这样。

茉莉，17 岁（新泽西州，纽瓦克市）：我是那种很喜欢说的人，什么都能说也愿意说。从记事时起，我的老师、父母和朋友就让我参加演讲和辩论队。后来上大二的时候，我接受了他们的建议。我花了几个月的时间学习公开演讲的基本知识，学习如何在正式辩论中正确表达自己的想法。

第一次辩论赛上，我表现得非常好，赢得了比赛。有些人说这是初学者的运气，但我想证明赢可不是因为运气那么简单。我努力备赛，下一次和之后的比赛我也赢了，最终连赢八场。我感觉自己势不可挡，好像永远不会输。

然而，在第九次比赛中，一切都变了。我以为自己做得很好，但评委们却说我"信息不充分，安排不妥当，思绪混乱"。我觉得自己当时就像在《美国偶像》中被西蒙·考威尔拷问一样！

"什么？"我对自己说。真弄不明白他们怎么会这样想？他们怎么能否定我的想法、我的意见、我的努力，否定我？我真的很受打击。但这些问题只是加深了我的痛苦。我开始专注于错误的事情，过度分析了评委们的意见。在接下来的几天里，我的信心消失殆尽，自尊心也跌到谷底。我记得当时在想："也许每个人都是对的。可能这就是初学者的运气。也许我只是健谈，但并不擅长辩论。"

我跟演讲和辩论老师说想退出团队。她笑着对我说："你不是认真的吧？"我想我真的被评委们的评论影响到了。与老师交谈后我意识到，我没能正确利用反馈意见，却让反馈意见利用了我。真正的问题不在于评委，他们并不是想让我难堪。真正的问题是我，是我把这些评价看成故意针对我的。我指责别人，抱怨失败，为自己感到难过。只要我这样做，我就看不到它给我带来的教训。我在拒绝自己，因为我没有办法利用这些反馈来提高自己。

我很快意识到，在这个过程中，实际上并没有"拒绝"的成分。我所经历的拒绝是我在头脑中自行创造的：我告诉自己，我不好。所以如果发生什么事就认为是针对自己，这样太容易把反馈变成拒绝了。

无论你是在演讲辩论队、运动队、军乐队，还是在课堂上、在工作中，或者只是和朋友们一起玩，你有时会听到别人说一些可能让你不太舒服的话。这并不是消极的，而是现实的。你不同意吗？如果是现实的，那么对这种类型的反馈做好准备就行了。可以试试这样：把结果看成对你所做之事的一个反馈，而不是对你是谁的评价。做事的方式和做什么事总是可以改变的。记住，改变自己所做的，就会得到不同的结果。亨利·福特曾经说过：

如果你得到的反馈看似是拒绝，别担心，

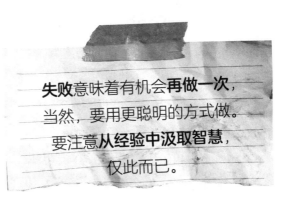

失败意味着有机会再做一次，当然，要用更聪明的方式做。要注意从经验中汲取智慧，仅此而已。

这只是一个信号，提示你要用不同的方式再试一次。别把反馈与你是什么人画等号。一定要注意，吸取该吸取的教训，不要额外演绎。

> 我们应该小心地只从一次经历中获取智慧，并就此打住。
> 否则，我们就会像那只坐在热炉盖上的猫。
> 它再也不会坐在热炉盖上了，
> 这是好事；但它也不会再坐到冷的炉盖上了。

——马克·吐温
幽默大师、演讲家、作家

如果遭到拒绝就不再采取行动，止步不前，这种反应就可能是危险的。我们发现，拒绝是阻止人们实现目标的最常见的障碍之一，它让人们无法发挥潜力并取得成功。但是，拒绝也不是停止的标志或者死胡同，除非你选择用这样的方式看待它。

肯特：我有个朋友是一位非常有天赋的运动员。他一直想成为一名职业棒球运动员，他绝对有能力做到。但他只想依靠自己的能力来取得成功，这也正是他的缺点。

由于不习惯犯错，他也不太能很好地接受反馈。每当教练、队友或父母试图提些建议时，他都会有一种被拒绝的感觉，好像他不够好一样。问题是，为了不断提升自己的棒球水平，他需要教练、队友和父母的意见与指导。但他没有听从别人的意见，也没有努力克服自己的弱点，而是退出了球队，开始了另一项运动。

大家都觉得等他想明白的那天，自然就会根据别人的反馈来调整、改进球技了。但他从没这样做过。只要感到被拒绝，他就会停下来不做了，转而去做其他事。当时他并没有看到这么做会有什么重大后果。但十年过去了，也没见他在哪项运动中展现出足够的专业水平。事实上，他甚至大学棒球队的首发阵容都没有进过。

他的确有能力，但这并不重要，因为一旦感到有任何一点的拒绝，他就会退缩，不再努力。从这个例子中我明白了，在生活中你是什么人并不重要。不管做什么，如果你不继续努力，克服挑战，就不可能成长为更好的人，也不可能发挥自己的全部能力。

如果遇到拒绝就总想着"我不会再试了"，那么我们就有可能永远无法实现梦想或完成目标。不要让这种情况发生！你总会面临下面的选择：（1）当你面临拒绝时，停止尝试并放弃，或者（2）将拒绝看成向自己证明自己能行而且会获得成功的机会。是让拒绝阻止你还是激励你成为更好的自己，主动权都在你手里。

我的动力来自我对拒绝的反应。

——哈里森·福特
演员

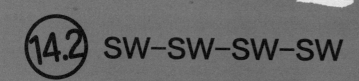

些字母究竟代表了什么？我们可不是因为口吃才说了这么多SW。这八个字母是一个极其强大的概念的缩写，你应该学一学然后用到生活中。有兴趣吗？应该会有吧。

下面我们就来解释一下这个概念。每次向别人请求什么的时候，请记住这个缩写SW-SW-SW-SW，意思就是"有人愿意（some will），有人不愿意（some won't），那又怎样（so what）？总有人在等你（someone's waiting）"。在上一章中，我们谈到了请求的力量。我们还

提到，人们不愿意开口求人的主要原因之一是害怕被拒绝。可事实是，当我们向别人提出要求时，就是会有人答应，有人拒绝，那又怎样？！

这并不意味着每个人都会说不。其实在某个地方有人一直在等着你：等着你的想法、你的激情、你的动力和你的技能。这只是一个数字游戏。

下次与人分享目标，请求帮助或参与你的梦想时，记住 SW–SW–SW– SW。你想要的或需要的东西都是可以得到的；只要坚持足够长的时间，就总会得到肯定的答案。

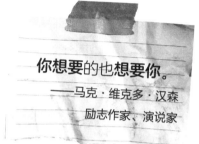

你想要的也想要你。
——马克·维克多·汉森
励志作家、演说家

14.3 拒绝帮你走近"同意"

如果有人说你的想法是错的，
那么很可能是因为你的想法**太新奇而不被人理解**。

——佚名

杰克：一个来参加我研讨会的毕业生说这个活动对她帮助很大，因此想自愿打电话让人们参加我即将举办的其他研讨会，她承诺在一个月内每晚与三个人通话。最终她一共打了九十个电话，前八十一个人都决定不参加研讨会，但后面的九个人都报名参加了。

如果她在打了前五十个电话后就放弃了，并且说"这根本就没有用，不值得我费这么大力气"，结果会如何呢？如果是这种态度，那她就一个名额也推销不出去，而且还浪费了所有的时间。但是因为她一心想要与别人分享这种改变自己生活的经验，在面对拒绝时才能够坚持不懈。因为她知道如果打的电话足够多，怎么也

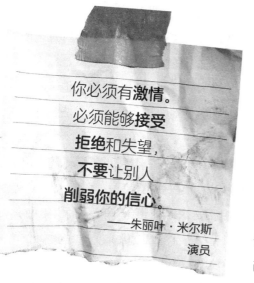

你必须有**激情**。

必须能够**接受**

拒绝和失望，

不要让别人

削弱你的信心。

——朱丽叶·米尔斯

演员

会有人"同意"参加的。她不仅帮我带来了九个研讨会新人，还帮了这九个人，鼓励他们通过参加这个活动来改变自己的生活。

　　我们永远不知道何时会得到"同意"来开启无数新的机会。成功往往是在你克服了许多挑战并坚持不懈地完成每一个挑战之后，在你最意想不到的时候到来。有时在一次又一次的拒绝之后，你走到一个特定的点，然后突然发现曾经为之努力的成功似乎一下子就来到了你身边。

可能你听说过肯德基。但这怎么可能呢——世界各地读过这本书的读者都听说过肯德基，真的有可能吗？每个人都听过？这很令人钦佩，你认为呢？

毫无疑问，肯德基在全世界取得了令人难以置信的成功。但这家餐厅的成功并不容易。肯德基的创始人哈兰·桑德斯上校一开始在他居住的一个小汽车服务站里为顾客烹饪食物。后来他又到一家酒店的餐厅做主厨。在接下来的九年里，他改进了烹调的方法，并获得了一定知名度，但他仍然想让自己的事业更上一层楼。

年近六十的桑德斯上校带着压力锅和烹制南方炸鸡的特殊配方离开了家，去推销他的大众化连锁餐厅的想法。在被拒绝三百多次后，他终于找到了一个相信他的梦想的人。但正是由于他拒绝了三百多次拒绝，现在才有了分布在全球八十个国家的一万一千家肯德基餐厅！

桑德斯上校的人生之所以如此成功，是因为当其他人不看好他的想法、观念和梦想时，他没有停下来。在实现目标的过程中，会有很多的拒绝。这一点我们得习惯。而成功的秘诀就是不放弃。当有人说"不"时你就说："下一个！"然后继续朝着你的梦想前进。

世界上大多数**重要的事情**
都是由那些在似乎**无法实现**的情况下**继续努力**的人**完成**的。

——戴尔·卡内基

杰克：1991 年秋天，马克·维克多·汉森和我兴高采烈地前往纽约市，准备将我们的第一本"心灵鸡汤"系列卖给出版商。在经纪人杰夫·赫尔曼的带领下，我们见到了所有愿意与我们会面的主要出版商，但他们所有人都说不感兴趣。"短篇小说集卖不出去。""这些故事没什么优势。""这个标题永远成功不了。"我们听到的都是这样的话！

在被三十多家出版商拒绝后，经纪人把书还给了我们，说："对不起，我不能帮你们卖了。"然后我们怎么办了呢？"下一个！"我们说。我们知道必须跳出思维定势来思考。经过几周的深思熟虑，我们终于想到了一个办法。我们印制了一份表格，让打算购买这本书的人把名字、地址和预计购买的数量写在这个表格里，算作一种购买意向。

接下来的几个月里，每位来参加我们演讲或研讨会的人，如果愿意在这本书出版时购买一本，就填写一张表格。最终，表格填了一页又一页，这些人承诺购买的数量共计达到两万册。这个数量让我们真的有了一些讨价还价的能力！

第二年春天，马克和我参加了美国书商协会大会。我们一个摊位一个摊位地走，跟所有愿意倾听的出版商谈。让人震惊的是，即使有数千份签名的保证书，我们还是一次又一次地被拒绝了。但我们还是说："下一个！"在会议第二天结束时，我们把前三十个故事的副本交给了健康传播公司的副总裁，这是一家在生存线上挣扎的出版商，他们同意把书带回家仔细读读。

那周晚些时候，加里·塞德勒带着手稿去了海滩。读了以后他很喜欢，他决定给我们一个机会。那几百个"下一个！"终于得到了回报！在经历了一百四十多次的拒绝后，我们写的第一本书卖出了八百万册。从这本书开始，我们又出版了一百一十五本畅销"鸡汤"系列丛书，现已被翻译成四十七种语言。那可是很多书啊！

那份承诺买书的表格怎么办了？嗯，当书最终出版时，我们在所有签名的表格上钉了一份出版公告，按照表格上的地址寄给了当事人，并密切关注着销售清单。几乎所有答应买书的人都兑现了承诺。加拿大的一位企业家一次性买了一千七百本书，给他的每一位客户都送了一本。

这件事恰恰证明，非凡的成功来自用积极的态度处理拒绝。我们之所以说"态度"，是因为态度是一种选择。我们持续不断地选择如何处理遭到的拒绝。每个人都会在生命中的不同时期面临拒绝，特别是如果我们敢于设定大目标、有大梦想的话。但最重要的是我们在面对拒绝时如何表现。

请记住，地球上有六十多 [1] 亿人！在某个地方，某个时候总会有人肯定你的想法、付出和最终目标。每一个否定或拒绝都让你更接近肯定。不要困在一个地方犹豫不决，不要害怕在某个地方有人拒绝你。转移到下一个人，时刻关注着自己的目标。这只是一个数字游戏。记住，有人正等着给予你肯定与支持。

14.5 不放弃

我认为**拒绝**是有人在我耳边吹响了号角，
唤醒我，让我**开始行动**，而不是退缩。

——西尔维斯特·史泰龙
演员

---

[1] 预计 2022 年突破 80 亿。——编者

THANK YOU FOR YOUR SUPPORT!

CALL #1 NO
CALL #2 NO
CALL #3 NO
CALL #4 NO
CALL #5 YES

里克·李特尔的成长经历很坎坷，他勉强挣扎着完成了高中学业。毕业后不久，他不想让其他人经历自己经历的一切，于是想开设一些实用的课程来帮助其他学生在学校和社会都能取得成功。年仅十九岁的里克梦想着在高中开设一门课程，教导年轻人更好地处理感情和冲突，制定强有力的目标，学习沟通技巧和价值观，帮助他们过上更有效更充实的生活。这真是一个大愿景。

被新目标的热情所鼓舞，里克写了一些提议，还与一百五十五个不同的机构接触，请求支持和资金援助。结果这一百五十五个机构都没同意。在一年多的时间里，为了维持生计，里克什么都做过——睡在汽车后座上，只吃花生酱饼干果腹。但他从未放弃过自己的梦想。

在第一百五十六次尝试时，他找到了 W. K. 凯洛格基金会，请求资助五万五千美元，以便实施他的想法。两周后，他接到了基金会主席的电话："里克，你向我们要了五万五千美元，我们集体投了反对票。"里克的心被击碎了，他无法相信。"又一次拒绝？"他心想。但还没等他说什么，主席继续说："然而，我们又投票批准了十三万三千美元的拨款。"里克欣喜若狂！他简直不敢相信自己的耳朵。最终他得到了自己请求的数额两倍以上的资金！计算一下就会知道，他每忍受一次"拒绝"，就有将近一千美元的收入。

现在，世界各地有三万多所学校引入了里克的探索项目，这个项目向数百万年轻人传授了重要的生活技能。这一切都是因为一个十九岁的年轻人拒绝了被拒绝，坚持不懈，直到得到认可。

法则 14　拒绝被拒绝！

几年后，由于一直以来的坚持不懈和"探索"项目的成功，里克收到了一笔六千五百万美元的资助。是的，你没有看错，六千五百万！这在当时是美国历史上第二大私人基金会赠款。里克用这笔钱创办了国际青年基金会。通过这个基金会，他和团队已经能对七十个国家的更多年轻人产生积极影响。

从那时起，里克还创建了另一个组织，称为"想象国度集团"（ImagineNations Group）——汇集了世界领先的社会企业家、基金会、公司和各种组织，他们都致力于与年轻人一起为世界带来积极的变化。

如果里克在第一百次被拒绝后就放弃了，对自己说："好吧，好像这事办不成了。"试想一下这样做的后果。如果里克十九岁的时候放弃了自己最初的梦想，那么可能永远也不会有"探索"这个项目，也不会有"国际青年基金会"，更不会有现在的"想象国度集团"。它们每天为全世界数百万的年轻人带来希望和机会。如果都没有了，该是多大的损失！

14.6 继续······

没有斗争的地方就**没有力量**。

——奥普拉·温弗瑞

通往梦想的旅程可能并不容易，通往成功的道路也并不平坦。但当你遇到困难时，千万不要让梦想溜走。拒绝并不一定是要阻止你，除非你因拒绝而放弃，即便是这样的阻止也是你主动选择的结果。

每当你向梦想迈进一步，你就会面临被拒绝的风险。这只是生活的一部分。但如何处理这些风险，最终会塑造你的未来。学习有效处理拒绝意味着学习如何应对生活。

当人们有梦想并努力去追求时，这样的人也会激励周围的人做到最好。

最终，每个人都能从他们的乐观、热情和激情中受益。谁知道呢？也许有一天你坚持追梦的故事会被写进书里，或者作为一个例子告诉其他人，如果你不放弃，什么都是可能的。

我认为，你必须**相信命运**。

相信**你会成功**。

你会遭到很多的拒绝，

奋斗的征程也不总是直路一条。

会有一些弯路，所以要享受美景。

——迈克尔·约克
演员

我的待办事项清单

☑ 要明白，拒绝只是生活的一部分，但那些学会有效处理拒绝的人总是那些最终获得成功并实现目标的人。

☑ 要认识到，拒绝真的只是一个虚构的东西。它只是一个脑子里的概念，仅此而已。

☑ 要认识到，只有当我的思想游移不定，告诉自己一些额外的东西，比如："我就知道我不行！"只有这样，拒绝才是消极的。换句话说，我必须先让自己感到被拒绝，才能感到糟糕。

☑ 每当我向别人提出要求时，都会记住 SW-SW-SW-SW："有人愿意，有人不愿意，那又怎样？总有人在等你。"

☑ 要意识到，我面对的每一次拒绝都能让我更接近"同意"。

☑ 当有人说"不行"时，我就会说："下一个！"然后继续朝着我的梦想前进。

法则 15

利用
反馈
快速
前进

反馈是**冠军**的早餐。

——肯·布兰查德
白手起家的百万富翁、畅销书作者

现代导弹的精确性令人惊讶。从数千英里外的距离发射，打击目标的误差只有几英寸。这就是精确性！是什么让它们如此精确？尽管许多人认为是初始设置或弹道的原因，但事实并非如此。导弹之所以精确，是因为在飞行过程中它能充分利用反馈对行进路线不断进行调整。

优秀的领导者和高绩效者都善于接受和处理他们不断得到的反馈。就像智能的导弹一样，顶级领导人和高绩效者必须在行进中做出重要的改变和调整，才能准确地打击目标。

但很多人在生活中却做了相反的事情。他们把太多的精力用在担心做得不够完美，总是害怕犯错（其实犯错无非是一种反馈而已）。一般来说，对这种"反馈"的恐惧会吓得他们一动不动，什么事都做不了。

凯特琳，17 岁（内华达州，拉斯维加斯）：我最好的朋友杰米比我有才多了。她是一个天生的运动员，有天赋的学生。上小学的时候她就比我们班上的其他学生（包括我）更快、更强、更聪明。我好像总是生活在她的阴影下。但慢慢地，她不再是班上或者运动场上的佼佼者。虽然她仍然有很多天生的能力，但显然这还不够。

多年来，我一直不明白为什么她后来表现得没有以前好了。直到有一天下课，我看见她在跟老师争吵。这并不新鲜，她平时也总是跟人吵来吵去。突然，我明白了。杰米花了

很多时间与人争论。她很容易被意见相左或不恭维她的人所冒犯。这下

终于说得通了：她只是不能很好地接受反馈。我想向她解释我的想法，但我无能为力。毕竟，她也把我的建议看成"反馈"。

现在，我拿着足球奖学金正准备去心仪的大学读书。而杰米则一如既往地感到沮丧，而且最终决定不上大学了。我一直认为她上大学是自然而然的事——她成绩优异，还是体育奖学金的获得者（而不是我）。事情的结果很耐人寻味。我和杰米的唯一区别在于用不同的方式看待从朋友、老师、教练和父母那里得到的反馈。我对反馈是开放的、欣然接受的，而她则不然。

一旦你确定了目标并行动起来，你就会开始得到各种形式的反馈，包括意见、数据、帮助、建议、方向、赞美，当然，甚至批评。这些反馈能帮助你在前进的过程中不断调整路线。问题是，你会如何回应它？让反馈为你所用，你就能在任何事情上做得更快、更出色。

15.1 两种反馈

通往成功的道路上，你会遇到什么样的反馈？一般来说有两种：

1. 积极的；
2. 消极的。

这可能看起来太泛泛而谈，但真的没有必要复杂化。大多数人更愿意得到积极的反馈：优秀的成绩、证书、奖杯、奖项、认可、结果、赞美、幸福等等，这不足为奇。（没错，都

是好东西！）我们喜欢这种反馈，因为感觉更好。积极反馈告诉我们：我们正在朝着正确的方向行进，我们所做的是正确的事情。

现在我们来谈谈另一种类型的反馈：消极的。我们不太喜欢这种反馈：批评、结果不佳（或根本没什么表现）、成绩不理想、挫折感、失望、抱怨、不快乐、孤独、痛苦、问题、被解雇、被裁员、困惑、缺乏支持等等。这些绝对是大多数人想要避免的事情，但千万不要就这么随便对消极反馈置之不理。实际上，这里面隐藏的信息和积极反馈一样多。消极反馈可以给我们各种有用的提示、技巧、建议和指导。它会告诉我方向是否错了，或者哪里做得不对。这都是有价值的信息！

改变看待消极反馈的方式是我们在生活中能做的最有用、最有效的事情之一。与其认为消极反馈意味着失败，不如把它看成可以改善生活的信息。下次遇到消极反馈时你可以这样想："这个世界在告诉我可以从哪儿以及怎样改进我正在做的事情。这是一个学习和提高的机会。我应该改

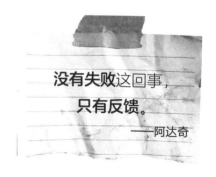

没有失败这回事，
只有反馈。
——阿达奇

变一下做法，才能离目标更近。"这么说听起来可能有点老套，但想想看，这样重新解释反馈可以让你在生活中各方面都表现得更好。

为了快速准确地实现目标，我们对所有反馈都应持欢迎态度。要知道，无论我们目前得到的是哪种类型的反馈，总有一些积极的东西。但前提是我们要挖掘反馈，看到反馈的价值所在。

15.2 在路线上还是偏离路线

收到反馈时，我们可以选择如何回应。有些反应能帮我们更接近目标，有些反应则会让我们止步不前，或者离目标更远。

在成功法则培训课程和演讲中，我们总是喜欢向人们展示反馈有多么重要。首先，我们让一名志愿者站在房间的最边上，这个人代表我们想要达到的目标。我们的任务就是穿过房间到他所站的地方。走到志愿者所站的位置就意味着我们成功地实现了目标。

志愿者的工作很简单，他或她充当的是一个不断反馈的机器。我们每迈出一步，如果是直接向他或她走去，他或她就会说"在路线上"；如果走得稍微偏离了一点儿方向，他或她就会说"偏离路线"。我们并没有蒙上眼睛，但是为了练习，有时

会故意走错方向。一旦听到"偏离路线"，我们就立即纠正当前的方向。每走几步，我们就停下来站在一边听取反馈意见，然后继续。就这样偏偏直直一直走，最终走到了要去的位置。

然后我们请观众说他们哪个听到得更多，是"在路线上"还是"偏离路线"。答案总是"偏离路线"。但有意思的是，尽管"偏离路线"的时候比"在路线上"的时候还要多，但通过持续努力并根据反馈意见进行调整，我们还是实现了目标。生活中也是如此。我们要做的就是行动起来，然后对反馈做出反应。如果做得够多，我们最终一定会实现目标。

15.3 错误的反应

如果成功与否都可以归结为如何应对反馈，那么意识到什么样的应对不起作用会很有帮助，这样我们就可以尽量避免它们。以下是一些根本不起作用的反应：

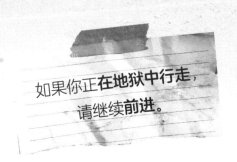

如果你正在地狱中行走，请继续前进。

1. **屈服和退出。** 想想我们刚才描述的那个练习。如果每次听到"偏离路线"，我们都崩溃、哭泣会怎么样？"我受不了了！生活太难了。这些否定批评我不想再听了。我不干了！"如果这么想，会发生什么？答案就是我们会被困在那里，听着不想听的反馈，止步不前。这样可不太好。当发现自己身处一个你不想去的地方时，请记住温斯顿·丘吉尔曾经说过的话：

反馈只是一种信息，记住这一点就能更容易坚持下去，面对挑战。反馈是"路线修正信息"，仅此而已。就像飞机的自动驾驶系统会不断告诉飞机，它已经走得太高、太低、太靠右或太靠左。结果飞机会怎么做？会不会突然发狂？或者因为所有这些反馈而崩溃？不会的。它只会纠正自己的航线。反馈只是提供信息，帮助我们调整行动，以便更快地达成目标。（从这个角度看是不是并没有那么糟？）

2. **对反馈的来源生气。**想想上次练习中的志愿者。如果每次志愿者说"偏离路线"，我们就开始大喊："你以为你是谁？为什么你总是说'偏离路线'？你有什么毛病？"不用说这样的反应会有什么结果，大家很清楚吧。这么做什么用也没有，情况只会变得更糟。因为人在愤怒的时候很少能真正想出有用的解决办法。想一想吧。你在生气的时候做过什么对自己有帮助的事吗？可能没有。

下面这句话应该记下来："生气时说的话，你可能会后悔一辈子。"

记住，反馈的来源永远不是问题所在。如果发现自己对反馈意见感到愤怒，就退后一步，深呼吸，问问自己为什么会有这种感觉。有可能你只是错误地把反馈看成

针对自己了。

3. **忽视反馈。**再次想象一下，上个练习中志愿者说"偏离路线"。如果我们把手指塞进耳朵里，就什么都听不见呢？这比不调整方向要好吗？不听反馈或简单地忽略反馈是另一种无效的反应。我们都知道，有些人对每个人的观点都置若罔闻。他们对其他人的想法或言论根本不感兴趣。可悲的是，正是这些被他们忽视的反馈意见，只要他们愿意倾听，就能从根本上改变他们的生活。

以上是对反馈意见的三种无效反应。请记住，反馈只是信息，没有别的。敞开心扉欢迎接纳、好好利用就行了。这才是真正的成功人士每天都在做的事情。如果你还想故意幽默一把让人措手不及，可以这么说："谢谢你的反馈。谢谢你对我的关心，谢谢你花时间告诉我你所看到的和感受到的。"要这么说吗？我敢打赌你从未听过这些话！下次有人向你提供反馈时，为什么不试试这个呢？

想象一下他们会有多震惊！帮他们把下巴从地上捡起来吧，因为他们肯定没想到你会这么说，惊掉下巴也是正常的。最重要的是，你的大脑会立即开始寻找方法来应用刚刚得到的信息。别只是相信认可我们所说的，有机会亲自试一试。

提示：想要知道哪些反馈要听，哪些不要听？请继续阅读，我们很快就会解释。

15.4 主动出击，寻求反馈

如果真的想获得成功，那就不要只是坐等反馈来找你。相反，要走出去，主动出击，寻求反馈。是的，对许多人来说这听起来好像挺疯狂，但这仍然是，也将永远是获得大量重要信息的最佳和最有力的方式。而这些信息足以改变你的生活。

试着向家人、朋友、老师和教练提出这个强有力的问题："你是怎么看到我做得不对的？"他们的回答会让你看到原来没意识到的问题，也正是对这些问题进行的细小调整会显著地改变我们最终得到的结果。想象一下，一枚在空中飞行的导弹在行进过程中把方向微微调整了三度，调整的角度很小，似乎跟没调一样。但当导弹继续飞行数千英里后，这些微小的变化带来了巨大差异，完全改变了最终的目的地。

同样，我们得到的反馈以及我们选择如何使用这些反馈也可以在我们的人生道路上做出关键的路线调整。

有些人不太愿意提供反馈。也许他们不希望伤害你的感情；也许他们害怕你的反应；也许他们不想冒被你反对的风险；也许他们没有安全感，或者只是觉得不舒服。不管是什么原因，有些人永远不会**主动**向你提供反馈，只有当你主动要求时他们才会这么做。因为只有这时他们才会觉得告诉你什么很"安全"。这就是为什么主动要求反馈很重要。通过询问，你是在让他们知道你不会把这些当作针对自己，也不会生气。

以下是你向其他人寻求反馈时可以问到的更多有力的问题：

- 我怎样才能更有效率？

* 我怎样才能成为一个更好的朋友、兄弟、姐妹、学生、队友、运动员、员工？
* 我还可以做什么来提高我的成绩？
* 你学到的什么真正帮你做到了_____？

如果你仔细观察这些问题，就会发现一些有趣的事情。这些问题都不能用一个字来回答，比如简单的"是"或"否"。是或否这样的答案可能会有帮助，但进一步的解释总是能提供更多的信息和细节。

顺便说一下，你可能会觉得这些答案会很难听进去，但大多数人认为这些信息非常有价值，所以他们对提供这些信息的人还是很感恩的。记住，你得到的信息会让你的生活变得更好。这是相当有用的，你不觉得吗？

15.5 学到的最有价值的问题

餐馆生意做起来可并不容易，但餐馆老板罗伯特·麦克拉克伦非要干出点名堂不可。于是他开始研究成功经营一家餐厅的秘诀，结果他发现了很有意思的现象。他发现很多餐馆老板和厨师对顾客的反馈很敏感。他们不想听到任何负面的东西，所以从来不问顾客的意见。大错特错！罗伯特跟不同餐馆的各种顾客交谈，发现大多数顾客都有很好的建议，只是他们不太愿意跟餐馆经理或厨师分享这些想法，因为这么做会让他们很不舒服。

所以罗伯特在俄勒冈州波特兰市开第一家餐厅——新港湾海鲜烤肉店时，就把注意力放在了这个发现上，他决心要做一个与众不同的餐厅。罗伯特是一个非常积极主动的人，他在餐厅开启了一个新的习惯：顾客用完餐后，他会把厨师从厨房带出来，带到顾客面前，然后问顾客一个极其有力的问题："从1分到10分，今天这顿饭您给几分？"

起初，许多顾客给了9分和10分，因为他们不想伤害厨师的感情。然而罗伯特意识到，这些9分和10分不能提供任何改进的方法。得到9分和10分虽然让人高兴，但他更渴望真正诚实的反馈。罗伯特说："我想听听4分、5分的建议，这样我们就能把这餐食做到最好，尽最大可能让我们的顾客满意。"哇！顾客听到这些通常会感到惊讶，因为这么愿意听取别人的反馈意见的人不太常见。

一旦顾客给了诚实的反馈，他就会接着问："要怎样才能得到10分？"罗伯特说，这些反馈是"无价的"！"我们了解了客户到底想要什么。而当我们知道他们的真实需求时，他们总是会满意地离开。"罗伯特还说，这些问题让顾客感到被认可，因为有人征求并且重视他们的意见。

结果，顾客会把自己的用餐经历告诉朋友，这样一传十，十传百，来的人更多了，新客成了老客，餐厅的口碑也一点点累积起来。现在，罗伯特拥有两千八百名员工和二十五家非常成功的餐厅，获得了许多奖项和客户的好评。他说自己的成功很大一部分是征求并利用反馈意见的结果。罗伯特的经验很清楚：自己去问！

那么在生活中，想使用这两个强大的问题一定得拥有一家餐馆吗？不需要！你可以根据自己的情况把罗伯特的问题改为："你如何评价……？"以及"要怎样才能……？"下面的例子可以帮助你获得无价的反馈。

首先从问自己开始：

从 1 分到 10 分，我如何评价我的……

❀ 学习成绩?

❀ 健康?

❀ 运动表现?

❀ 友谊?

❀ 家庭和个人关系?

❀ 财务状况?

❀ 幸福程度?

然后问问其他人（朋友、老师、父母、教练、老板等）这样的问题:

从 1 分到 10 分，你会如何评价我下面的这些角色……

❀ 作为朋友?

❀ 作为一名学生?

❀ 作为一名运动员?

❀ 作为儿子或女儿?

❀ 作为一名雇员?

或者你可以问:

从 1 分到 10 分，你如何评价……

❀ 我们昨天晚上的比赛?

❀ 我的家庭作业?

❀ 这顿饭?

❀ 我的烹饪水平?

❀ 我们一起度过的周末?

怎么样，是不是看到了无限的可能? 通过这些问题，你肯定会得到一些有趣的反馈，但真正给你能量的是接着问的那个"要怎样才能"的问题。下面我们来看看这个问题是怎么发挥作用的。任何低于 10 分的回答都要接着问这个后续问题:

要**怎样**才能得到 10 分?

这个问题会打开反馈和宝贵信息的闸门。上面这两个问题可以从很多方面提高你的生活质量，你只需要愿意做三件事:

1. 开口问。

2. 不要把反馈看作针对你个人。

3. 调整你的做法和目前正在做的事情，这样，下次你就能得到不同的结果（也就是 10 分）。

如果你真的想尽早脱颖而出，那就每周甚至每天都要使用这些方法。首先，问问自己，然后再问别人。

15.6　率先行动

即使感到恐惧，也要采取行动……要迎难而上，做起来再说。还记得这些法则吗？那么现在就有一个付诸实践的好机会。诚然，征求反馈意见谁可能都会有点不舒服，但其实没什么好怕的。真相就是真相，知道真相比不知道要好得多。一旦你知道了就可以做点什么了。不知道哪里有问题，我们什么也改进不了。所以，如果没有反馈，我们也无法改善生活、成绩、健康、友谊、关系、游戏或者表现。是的，反馈就是这么重要。

别急，我们还没说完。你想知道逃避反馈和忽视真相最糟糕的是什么吗？你是唯一一个"不知道这个秘密"的人，就像惠特尼所说的。哎哟！你看，其他人都已经注意到了怎么回事了，而且也许这些人已经告诉了他们的朋友、家人、老师和教练，跟他们说了自己不满意的地方。因此，无论你是否寻求反馈，其他人已经知道了真相。就像曾经的热播剧《X 档案》中穆德和斯卡利探员所说的那样，"真相就在那里"。问题是，你是否会接受它，然后好好利用起来？

我们当然希望你能这么做。

那些跟别人说闲话的人应该直接向我们"反馈"，但他们往往不敢这么做。结果，我们就没能得到需要的反馈来改善生活。我们输了！但你还有两件重要的事情可以做：

1. **有意地、积极地询问反馈。**找到自己的朋友、父母、老师、教练、老板和导师，问这两个问题：（1）"从 1 分到 10 分，你如何评价 _____ ？"（2）"要怎样才能得到 10 分？"

   要养成习惯，定期问这些问题，这样你就能得到能帮你纠正问题的反馈。

2. **对反馈表示感谢和赞赏。**让别人知道你很开明，不会把反馈当作针对自己，也不会对提供反馈的人生气。记住，他们只是信使。他们不是海盗，他们不会破坏你的生活，偷走你的尊严。要感谢他们的想法，他们关心你才会注意到你。一定要对此心存感激。

15.7 要倾听！

无论我们是否提出要求，我们都会得到反馈。反馈会以各种形式出现在我们面前。也许是你与教练的简短聊天；或者朋友给你写的电子邮件；也可能是工作中经理的一封信；父母脸上的某种表情；大学申请的拒信；或者因为你坚持不懈地努力而得到一个新的机会。

不管是什么，听从反馈是很重要的。只要迈出一步，然后倾听；再走一步，再听。如果你听到的是"偏离路线"，那么就向"正确方向"迈进一步。如果有必要的话，猜测一下正确方向！然后再听一遍。听听别人怎么说，但一定要注意你的直觉和本能也可能会告诉你些什么。

你的直觉是在说："我很高兴；我喜欢我的课程、我的老师和我的朋友？"还是在说："我很害怕；我情绪低落；我不像我想的那么喜欢这个；我对这个人没有好感……"无论你得到什么反馈，不要忽视黄色警报。要注意所有形式的反馈，以便做出任何必要的改变。

安迪，17岁（新墨西哥州，圣菲市）： 我们被分成五人一组，共同完成下一次的历史课大作业。我很高兴能和班上的一些优秀学生一组。作业完成时间为一个月。小组第一次见面讨论时，我们简述了作业要求并划分了责任。几天后我们见了第二次面，每个人都带来了自己找的资料，但我只有第一次会议的笔记。我向大家解释说我们时间充足，下次我保证完成任务。

接下来的几天转瞬即逝，我突然发现自己第三次见面忘了去。哎呀！第四次见面商讨时，我带着找到的一点资料向小组做了简单的汇报。我知道我做的不多，但我觉得也够用了。在交作业前的一周，老师把我叫到他的桌前，说："你的小组希望你退出。你知道他们为什么这么说吗？"我很震惊："什么？他们什么也没跟我说过啊！"

但当我不得不回想整件事时，我发现其实小组其他成员对我的表现有微妙的反馈，只是我没有注意到。在第四次讨论会上我做汇报时，已经有人对我说什么不在意不感兴趣了。有时他们的眼睛直勾勾地看着什么，好像在想别的事情。最后他们压根也不问我有什么想法、有没有意见或者还有什么要补充的。也没人给我分配新任务。我还以为这次作业可以就这么轻松地糊弄过去，结果是他们不相信我能够完成任务。甚至最后一次见面讨论时发生了什么情况也没人跟我说一声。

我很生气这些人没有早点告诉我，但我也知道问题的真正原因是我，而不是他们。我没有尽到自己的责任，也没有注意到别人的反馈。这件事让我知道，有时候反馈并不总是显而易见的，人们可能不会直接告诉你他们的感受，所以你要自己去寻找。

15.8 反馈的命中与不中

在重新调整路线、改变方法、采取不同的行动之前，也要知道并非所有的反馈都是准确的，这一点也很重要。反馈有时能打中要害，有时打不中。也就是说，有时候反馈是对的、真实的，而有时它又是不正确的。因此，在我们利用反馈做出改变之前，需要考虑它的来源是什么。有时，给你反馈的人对所有情况掌握得并不是很清楚，或者更糟糕的是，他们可能情绪激动，所以他们的判断受到了影响。

例如，如果一个学生告诉你，你不够聪明，不够好，不够有才华，这种"反馈"有多准确或者有多大用处？根本不太有用！他们说这样的话，只说明他们缺乏自尊。通过贬低别人，有些人会自我感觉更好。很明显，如果一个人缺乏自尊心，他们的判断就不会准确，这样的反馈你也不应该听从。

停下来想一想你所得到的反馈，直觉就会告诉你它是否是真实的。要注意反馈的来源。

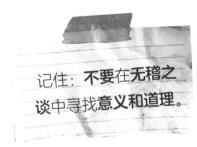

记住：**不要在无稽之谈中寻找意义和道理。**

15.9 从消极中找到积极

我们得到的反馈并不都是积极的，因此学会如何从消极的反馈中吸取积极的教训很有必要。有时反馈会表明我们失败了，也就是说我们没有得到预先设定的结果。不过没关系，这样的事都是正常的。人无完人。但我们还是可以做点什么来适当回应，然后继续前进。

1. **承认以当时所掌握的知识和技能，你已经尽了最大努力。**

2. **认识到你已经活下来了，你肯定能应付目前的情况。**

3. **写下你从这次经历中学到的一切。**你可能想写一本名为"感悟与教训"的日记，记下所有学到的人生经验。那这本日记将是多么有价值啊！我们在指导刚刚遭遇到巨大挑战的客户时经常让他们写"我学到了……"。他们要在五分钟之内写下能想到的所有东西。然后再列一个题为"下次表现更好的方法"的清单。

4. **一定要感谢每一个给你反馈的人。**如果有人在给你反馈时非常生气、情绪激烈，请记住这是那个人内心情绪的反映，不是对你的反应。指责和辩解浪费时间。对于反馈，先接纳，有价值的地方充分利用，其余的抛之脑后。

5. **清理任何已经造成的混乱或错误，包括所有应该表达的歉意等。**

6. **花些时间回顾一下你以前的成功。**提醒自己，你的成功远远多于失败。你做对的事情比做错的事情多得多。

7. **寻找支持。**花时间与积极的朋友和家人在一起，他们可以帮你建立自尊心，发现你的优势，并提醒你曾经获得过的成功时刻。

8. **重新审视你的目标。** 一旦你虚心接受了教训，就要重新按照你原来的计划（或制订的一个新计划），开启行动。坚持住，继续朝着梦想前进。

9. **理顺你的期望。** 没有人是完美的。你所能做的就是尽力而为。只要尽力，别人也没什么可说的。追梦的路上也会犯错，所以要做好准备让自己振作起来。拍拍身上的尘土，翻身上马，继续前行！

5.10 寻找模式

在与一位非常成功的企业家交谈时，我们问他："对你的成功贡献最大的第一件事是什么？"他脱口而出："反馈。我总是密切关注我所得到的结果，特别是任何不断出现的固定模式。"多么好的答案啊！我们在生活中可以做的最重要的事情之一就是训练自己注意任何重复出现的反馈模式。这些小模式可能是很大的线索。

有一句老话说："如果有一个人说你是一匹马，那么他可能是疯了。如果有三个人说你是一匹马，那么就要怀疑了。如果十个人说你是一匹马，那么也许是时候买个马鞍了。"换句话说，如果你一次又一次地得到同样的反馈，那么其中有些东西可能是真的。既然这样，为什么要抵制它呢？当然，我们都希望自己是"正确的"，而不是听从反馈意见。但真正的问题是，"我是愿意做正确的事还是愿意做快乐的事？我宁愿是正确的还是成功的？"

有一次，我们遇到一个十六岁的小伙子，他宁愿做"正确的"，也不愿意做快乐的或成功的。不管是谁，要是想给他提点建议，他都很生气。"别跟我那样说话。"他经常说，"不要告诉我该如何生活。这是我的生活，我想怎样就怎样！你怎么想我不在乎。"

"我的方式"是他的生活哲学。他对别人的意见或反馈不感兴趣。就这样，他失去了许多朋友，疏远了自己的老师、教练，甚至父母。

一年后，我们听说，他最后因为学分不够没能在春天按时毕业，只好暑期上课补学分，这消息倒并不让人觉得惊讶。他很少有朋友，还被踢出了足球队。在一次聚会后，他醉醺醺地开车回家，差点死掉。但在他心中，他是"正确的"，他认为他知道的是最好的。这种情况也只能随他去吧。这个故事提醒我们，不要让自己陷入这个陷阱。这是一条死胡同，真的是字面意思的死胡同。

你从朋友、家人、教练、老师和异性那里得到了什么反馈？你需要注意的是什么？是否有任何典型的模式？无论我们的表现如何，总是会有一些能改善我们生活的建设性的反馈。但首先我们必须头脑开明，对这些反馈持开放态度，并愿意做出必要的改变。

最重要的是什么呢？

没有人可以强迫你利用所得到的反馈。归根结底，如何对反馈做出反应是你的选择。要知道，想要早点成功就得主动寻求反馈，以开放的心态生活，努力调整自己的行为，以获得更多你想要的结果。如果你想成为一枚成功的导弹，反馈就是你的火箭燃料。祝你好运！

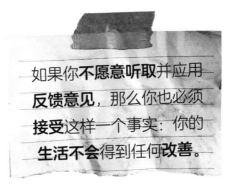

如果你**不愿意听取**并应用**反馈意见**，那么你也必须**接受**这样一个事实：你的**生活不会**得到任何**改善**。

我的待办事项清单

☑ 征求反馈意见，并向他人表明我愿意接受反馈意见。

☑ 愿意使用我收到的反馈，这样我就能更快地胜任我正在做的事情。

☑ 要知道，没有失败这回事，有的只是反馈。

☑ 要认识到，获得和使用反馈的第一步是开始。一旦开始利用反馈，我就会知道我是在正确的方向上还是偏离了方向，从而调整当前的方法。

☑ 要理解，反馈以不同的形式出现，这样我就能更好地识别它。

☑ 要理解，并非所有的反馈都是准确的。必须考虑反馈的来源！

☑ 注意我不断得到的反馈模式。

法则 16

不要
与火鸡为伍，
要像雄鹰一样
翱翔

与火鸡为伍，
你就**不能像雄鹰**一样翱翔。

每当有人问，"成功最快的方法是什么？"我们总是说："与那些成功的人或正在努力成为成功者的人交往……那些挑战你成长的人。"

听起来好像太简单，但这是真的。与你交往的朋友是决定你生活质量的头号重要因素。是的，就是这么重要！你的朋友影响着你的态度、观点、你处理事情的方式。无论喜欢与否，你会上升或下降到跟他们一样的水平。以体育为例。当一个好的团队与一个更好的团队比赛时，他们通常会迎接挑战，并发挥得更好，所谓遇强则强。而当一个好的球队与一个较弱的球队比赛时，他们通常会发挥出弱势球队的水平。这一点我们怎么强调都不为过：你和谁在一起会影响你的潜力！

肯特：在成长过程中，我有一群关系很好的朋友。但在我跟家人搬到新西兰后，我们就失去了联系。两年后我去拜访他们，他们看起来甚至都不是当年的那些人。就好像我从来没有认识过他们一样。为什么呢？原因很简单：他们有了一群新的朋友。两年里，他们改变了很多，而且不是往好的方向发展。

有意思的是，他们完全没有意识到这一点。最近我听说了曾经最亲密的两个朋友的近况，真是让人唏嘘震惊。一个有了严重的毒瘾，而另一个则在圣昆丁高级安全监狱结束了生命。想一想真是奇怪：我们在同一地区长大，在同一所学校上学，在某一时刻喜欢做同样的事情。最终改变这一切的就是我们选择交往的那群人。

⑯.1 和什么样的人交往你就是什么样的人

你的水平就是与你交往时间最多的五个人的平均水平。

——吉姆·罗恩
白手起家的百万富翁、成功的作家

十二岁的一天，蒂姆·费里斯查看了电话答录机，听到了一个神秘来电信息。什么信息呢？就是上面引用吉姆·罗恩的那句话。蒂姆说这句话永远改变了他的生活。好几天这句话一直在他的脑海中出现。十二岁的时候，蒂姆认识到和他一起玩的人并不是他想要的影响他未来的人。于是他找来父母，要求换个学校。这个举动还是很大胆的。

四年后，也就是高中三年级的时候，蒂姆决定去日本留学。后来，他进入普林斯顿大学，在校期间成了一名全美摔跤运动员和全国跆拳道冠军。二十三岁时，他创办了自己的公司。蒂姆已经学会了每个成功人士都知道的道理：我们会变得像我们所交往的人。就这么简单。

肯特：在上了九所不同的学校后——其中高中上了四所——我亲眼见证了朋友们是如何影响我的。仔细观察就会发现，我和他们在一个水平上。事实上，这种相差无几的水平在我们的成绩中就能衡量出来。你的朋友是如何影响你的成绩的？现在就来看看吧。

五个朋友因素

第1步： 在一张纸上列出五个与你相处时间最长的朋友。然后在他们的名字旁边写上他们的GPA（平均成绩）。如果你觉得这些信息不太方便问，可以估计一下。

朋友1：_____ GPA：_____

朋友2：_____ GPA：_____

朋友3：_____ GPA：_____

朋友4：_____ GPA：_____

朋友5：_____ GPA：_____

第二步：

GPA 1 _____ + GPA 2 _____ + GPA 3 _____ + GPA 4 _____ +

GPA 5 _____ = _____

第3步： 现在将总数除以5。

总GPA _____ / 5 = 平均GPA _____

第4步： 在这里输入你的GPA：_____

第5步： 现在将你的GPA与平均GPA进行比较。

你发现什么了吗？平均GPA是与你的接近，还是低于你的GPA？这个比较说明你的朋友对你有何影响？他们是否给你带来足够的挑战以促使你成功？换个角度来看：你是否给朋友带来足够的挑战，让他们也成为最好的自己？

16.2 你始终"在成长"

如你所知,我们总是受到影响,总是在调整、适应、变化。问题是:我们是以积极的方式还是以消极的方式成长?一年后的我们和今天的我们不会是同一个人,而明年你会怎么样,在很大程度上取决于这一年时间里你选择跟什么样的人在一起。事实上,你选择的朋友是你的写照。很诡异,是吧?有一句古老的犹太谚语说:

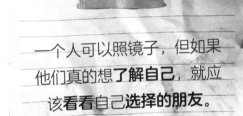

一个人可以照镜子,但如果他们真的想**了解自己**,就应该**看看自己选择的朋友**。

约翰,46岁(加利福尼亚州,圣迭戈):我所走的路不是把我引向监狱,就是把我引向停尸房。

无论哪种,都不是好事。我在一个艰难的环境中长大,父母总是为钱而争吵,所以我认为钱会给我带来幸福。如果有钱,我就是一个有价值的人。这个观点驱使我做一切可能赚钱的事。结果我错误地结交了不良青少年群体,开始在商店里偷盗,在学校里惹是生非,还不服管。

我还是想要更多的钱,所以我开始送报纸、熨衣服、在药店上班。最后我在一家男士健康俱乐部找到一份工作。除了每小时挣一美元五十六美分外,我还受到了意外的教育。每天晚上下班后,从21:15至22:00,我都会去桑拿房,听成功的商人讲述他们过往的成功和失败。我被他们遇到的挑战和取得的成就所吸引。关于他们的生意、家庭和疾病的故事给了我启发，因为我自己的家庭也在经历挑战和困难。我了解到，遇到挑战是正常的，其他人也经历过类似的危机，但仍能成功。

这群人教会我永远不要放弃梦想。"不管什么样的失败，"他们告诉我，"换个方法试试：要么迎难而上，迈过这个坎，要么绕路而行，或者咬牙挺住，但永远不要放弃。总会有办法的。"我还了解到，你出生在哪里，是什么种族或肤色，你有多大年纪，或者你出身于富裕家庭还是贫穷家庭，都没有区别。我第一次意识到，成功并不只留给那些具备各种优势的人。这些人已经成为我的导师、朋友，也是我自己的"私人商学院"。而我的生活也因此变得跟以前截然不同。

关于约翰·阿萨拉夫，还有一件事你应该知道。他是一个非常谦虚的人。现在看来很明显，他向成年导师学习的那段时间对他的生活产生了重大影响。如今约翰有四家价值几百万美元的公司，和一家房地产年收入超过五十亿美元的特许经营公司。他还帮助建立了一家互联网公司，该公司现在每月有数百万美元的净销售额。

他写了一本畅销书，名为《街头小子拥有一切的指南》。最近他正忙着成立一家新公司——壹私教（OneCoach），该公司主要向成千上万的小企业主和有抱负的企业家展示如何利用他们目前的业务或想法，使其公司发展成繁荣的企业，从而实现财务自由。但在回顾他所取得的所有成就时，他声称，新朋友群体和导师对他的影响最大。这就是关系的力量！

16.3 离开"损友"

你听说过"这不是很糟糕嘛?"俱乐部吗?每个学校至少有一个,而且现在这样的俱乐部越来越多,不仅在校园里有,家庭、工作等场合也有。事实上,你可能已经亲身经历过了。

一开始是一个人说:"太糟糕了!我等不到这一天、这堂课、这次会议或练习结束了!我的父母今天早上对我大喊大叫,所以我忘了交作业。"然后有人插话说:"是的,我能感受到你的痛苦。布莱恩说我是个失败者,希瑟在午餐时诋毁我。我恨那些运动员!"然后来了第三个人:"哈,你以为你很糟糕吗?好吧,你是不知道,听听发生在我身上的事吧!"

哇!这到底是怎么回事?上面的谈话结束时,你一定会感到痛苦、疲惫和紧张。不幸的是,每所学校、每个社区、每个团队都有这个俱乐部的成员。有些人以及某些群体似乎总能找到一些负面的东西来谈论。他们只知道不断地批评、指责和抱怨。但有一点让人宽心的是,会员资格并不是强制性的。你不必成为"这不是很糟糕嘛?"俱乐部的一员。你可以选择退出,这可能会是你做出的最好的决定之一。

斯蒂芬妮，19岁（加利福尼亚州，弗雷斯诺）：多年来，我的朋友一直是那几个人。问题是，随着时间推移，大家身上发生了细小变化，而我却没有注意到。中学时，我的成绩开始下滑并变得非常糟糕，但我知道朋友们的成绩都差不多，所以就没担心。我想："哦，好吧，他们跟我差不多，那么至少我们是一起的。"

我们的心态变成了"事情会好起来的。不管怎样，它都会解决。"我们一副事不关己的样子，好像自己已经做得够多了，然后希望事情会改善。当然，事情并没有改善。而如果情况没有好转，我们就互相抱怨老师多么可怕，校长多么刻薄，其他学生多么愚蠢，学校有多差劲。

我们当时甚至没有注意到这一点。但当我现在回头看时，我就发现那时的我们变得非常挑剔、消极，从不放过任何机会说些讽刺的话或指出某人做错了什么。奇怪的是，这似乎很正常。我猜是因为我最亲密的朋友也都这么做。我们慢慢地把对方拉下水，但却浑然不知，而只是强化了对方的行为。

在我高中最后一年开始前的那个夏天，父母决定搬到大约三个小时车程远的地方。我很受打击，很生气。"他们怎么能这样对我？"我一直对自己说。新学年开始时，我一个人也不认识。我决定参加曲棍球队的比赛。有些女孩真的很好，我们开始一起出去玩。我注意到和这群人在一起时我变得更加快乐，尽管我和她们只认识了几个星期。自从记事以来，我第一次感到有一种努力的动力，就像这是一件"很酷"的事情，你得这么做一样。这有点奇怪，但是是那种好的奇怪。有时，我觉得自己像变了一个人。我很难相信这群新朋友对我的影响。我对自己感觉更好，因为我不再经常批评其他人。我的成绩提高了，信心和自尊心也更强了。现在我能看到自己有更多的机会，这比我曾经想象的要多得多。我从未想过，仅仅通过与积极的人交往，生活就会变得如此不同。

16.4 加号还是减号

世界上有两种类型的人：**锚**一样的人和**发动机**一样的人。

你要**甩掉**"锚"，和"发动机"在一起，

因为**"发动机"会带你去某个地方**，

而且他们会享受到更多乐趣。锚只会拖累你。

——罗伯特·维兰
世界知名海洋艺术家

里有一个简单但非常有效的练习。在纸上写下日常生活中你经常交往的每个人，比如你的家人、朋友、邻居、亲戚、乐队成员、参与你的俱乐部或青年团的人、工作中的人，等等。

姓名：＿＿＿＿＿＿＿＿＿＿＿＿（＋）或（－）

姓名：＿＿＿＿＿＿＿＿＿＿＿＿（＋）或（－）

名称：＿＿＿＿＿＿＿＿＿＿＿＿（＋）或（－）

名称：＿＿＿＿＿＿＿＿＿＿＿＿（＋）或（－）

现在想一想，这些人是在为你的生活添砖加瓦，还是让你失望？你是在与积极的人还是消极的人交往？让我们来找出答案。在每个人的名字旁边写上一个（＋）和一个（－）。你的任务很简

单。在那些消极和不支持你的人旁边圈上减号（-），在那些积极和鼓励你的人旁边圈上加号（+）。（有时，根据你最初的直觉反应来做这个活动会更有效。）

在你给每个人判定是加号还是减号时，你可能就会发现某些规律了。你看到更多的是什么？加号还是减号？这其实是非常重要的反馈，一定要听一听。如果你正确地做这个练习，你可能会发现自己花了太多的时间在那些"锚"上，也就是那些让你失望的人。也许是你的朋友总在否定你所做的一切。也可能是你的家人、乐队成员，或者你的俱乐部成员正在破坏你的自尊和自信。

小心！记住这是你的生活，你的未来。下一步你可以这样做：

停止与那些名字旁边有减号的人相处（我们马上就解释如何做到这一点）。如果你认为这是不可能的（记住，没有什么是不可能的，一切都是选择），那么就严格减少你与他们相处的时间。你必须把自己从限制你潜力的人那里解放出来。

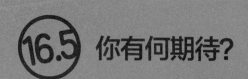

16.5　你有何期待？

对双胞胎兄弟出生在一个穷苦家庭。长大后其中一个成了酒鬼，经常触犯法律，而另一个则是成功的学生、运动员和歌手。

有人问那个有问题的兄弟发生了什么事，他回答说："我能期待什么呢？我出生在贫穷、暴力和毒品之中，就像其他人一样活呗。"当那个成功的兄弟被问到同样的问题时，他回答说："我期待什么样的生活？我出生在贫穷、暴力和毒品之中，知道父母是如何一路走来的，所以我决定要跟不一样的人在一起，跟那些幸福、成功的人在一起。"

事情一般都是这样的：人自然而然希望融入与之交往时间最长的任何一个群体，并在其中表现出色，不管这些人是积极的还是消极的。如果我们与消极且有破坏性的人混在一起，那么我们也会觉得有必要变得消极和有破坏性。然而，如果我们和积极的、成功的人在

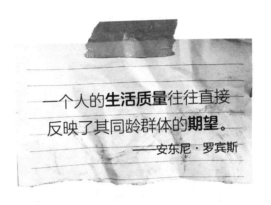

一个人的**生活质量**往往直接反映了其同龄群体的**期望**。

——安东尼·罗宾斯

一起，我们就会有动力去做积极和有建设性的事情。

因此，我们问你，你的同伴和朋友希望成为什么样的人？他们是期望努力工作并获得成功，还是期望只是"过得去"？他们是期望生活是一场痛苦的挣扎，还是期望生活是一场令人兴奋、充满无限可能的冒险？这些都是非常有价值的思考，因为我们通常不会超过那些与我们相处时间最长的人的期望。

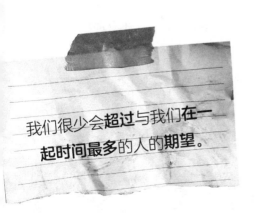

我们很少会**超过**与我们在一起时间最多的人的**期望**。

要选择与那些对自己有很高的自我标准和期望的人在一起。因为有可能你会上升到他们的水平。记住，我们的同龄人不是"分配"给我们的，而是我们选择的。有一句老话："爱你的家人，但要选择你的朋友。"这件事没人能替你去做，我们所能说的

就是要明智地选择。

　　提示：再往前走一步。问问自己："我对自己有什么期望？"我们两个人都选择遵循这种生活哲学（你可能也想这样做）：**对自己的期望比别人的期望更高。**这意味着我们不仅要与积极、成功的人交往，还要选择让自己也成为积极的成功人士。还记得"假装"法则吗？嗯，这就是它真正能派上用场的地方。当你像一个快乐、成功的人一样思考和行动时，你也会成为一个快乐和成功的人。

16.6 离吸血鬼远点儿

　　你是否遇到过这样的人，他似乎能把你的能量吸走——他走进一个房间，一下就把你的精气神给弄没了？我们称他们为"精神吸血鬼"。他们把你的生命直接吸走了。有什么解决办法？停止与他们交往！

　　你是否有一些朋友总想把你拉低到他们的水平？你知道吗，有的人给你打一通电话就能让你感到沮丧、压抑、抑郁。还有那些"偷走"别人梦想的人，他们说你的梦想是不可能实现的，还试图让你相信追求这样的梦想十分荒唐可笑。如果你身边有这样的人，那现在该结交新朋友了！

这些人用他们的受害者心态以及他们平庸的个人标准阻碍你的发展。我们认为，你自己一个人独处也比跟这些人在一起强得多。要尽量结交那些能支持你、令人振奋的人——他们相信你，鼓励你去追求梦想，并在你成功时向你表示祝贺。

我们并不是说你应该只与快乐、成功的人交谈或者只欣赏这样的人。你也没有办法做到这一点。尽量以尊重的态度对待每个人是非常重要的，这不需要做选择。我们始终应该尊重他人，但我们可以选择与谁相处的时间最长。这有很大的区别。

问题："如果我知道朋友把我带坏了，怎么才能结识更优秀的人？"

首先，不需要有一个正式的告别，比如"再见，我们不能再做朋友了"。（松了一口气吧！）我们建议你先忙别的事，跟他们分开一段时间。例如，加入一个俱乐部、团队或课后组织，这样你可以逐渐过渡到一个新的朋友群体。加入你感兴趣的俱乐部或团队，你还会发现更多志同道合的人。

学校俱乐部、私人俱乐部、建筑商俱乐部、Circle K 便利店、音乐俱乐部、体育俱乐部、爱好俱乐部等等，这些只是众多能找到快乐和成功人士的一部分场所。加入一个团体吧！参加你所在地区的青年活动俱乐部（是的，如果你花点时间找一找，这样的俱乐部有很多）。

放学后加入男孩和女孩俱乐部，报名参加青年成就组织、私人俱乐部、国会青年领袖组织。或者你加入当地的演讲会怎么样？或者在其他人的指导下在教堂、寺庙或清真寺做志愿者服务？青少年研讨会或者青年营也可以考虑。问问你的学校顾问。这些机会都是有的！总是有办法找到更好的团体一起出去玩。

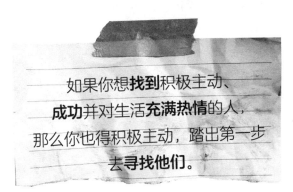

如果你想**找到**积极主动、**成功**并对生活**充满热情**的人，那么你也得积极主动，踏出第一步**去寻找**他们。

16.7 跟雄鹰一起翱翔

成功是有**线索**可寻的。

——安东尼·罗宾斯

我们在一个高中集会上发言时，曾向四百名高中生听众提出了一些具体问题："你知道班上最优秀的学生是谁吗？你知道谁是最好的运动员吗？你知道谁是学生会的领袖吗？你知道谁是最好的老师吗？"我们让他们知道答案就举手。几乎每个人都举手了。

然后我们说，如果谁去找过这些人中的任何一个，请他们分享过成功秘诀，就请再次举手。这一次没有一个人举手。几乎每个人都知道谁是各个领域成绩最好的人，但没有人请他们分享秘诀。不可思议吧？答案就在那里，但学生们却没有主动寻找。向他人学习和找到成功的榜样是我们能做的最聪明的事情之一。

生活在当今世界的好处就是有很多"答案"都已揭晓。很有可能所有你想做的事情（或者至少是非常类似的事情）几乎都已经被别人做了。

不管是获得全优成绩、减肥、创业，写书、进入大学、还是在大学里工作、赚取数百万美元、跑马

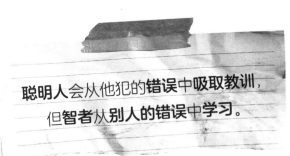

聪明人会从他犯的**错误**中吸取教训，但智者从**别人**的错误中学习。

拉松，这些都不重要。因为有人已经做到了，还通过书籍、手册、音频节目、纪录片、大学课程、在线课程、研讨会、工作坊等形式留下了成功的"线索"。

所以可以说，不管你想做什么事，都能找到前人的经验、建议或者有用的资源，来帮你变得更成功、更出色。把这些信息利用起来，你会发现生活只是一个连点成线游戏，所有的点都已经被别人确定和组织好了。你所要做的就是遵循蓝图，使用他们的系统，或通过他们的程序来获得类似的结果。如果你想像鹰一样翱翔，就向那些已经飞起的人学习。

很多时候，我们会不由自主地询问那些我们乐于与之交谈的人，而不是去找那些已经"做成事"并会给我们宝贵建议的人。为什么不找一位已经走过你眼前这条奋斗之路的人做导师，利用起所有积累下来的智慧和经验呢？

问题：如何找到这样一位导师或私人教练呢？可以从下面两件事做起：

1. 在你所在的学校、社区以及日常生活中寻找领袖人物。

2. 问，问，问！礼貌地询问这些人物和榜样是否愿意与你分享他们的见解。

有时我们只是需要有人帮助我们看到自己的可能性。而这正是教练和导师所能做的。他们可以帮我们打开门，从专家的角度提出建议，训练我们如何识别新机会，对路径正确与否给予及时反馈。

杰森，28 岁（得克萨斯州，奥斯汀市）：我是一个十八岁的大学生，成绩很好，有很好的职业选择。但我仍然觉得自己少了什么。有一天，一位名叫布拉德的演讲嘉宾给我和我的同学们提出一个有挑战性的任务：用金钱以外的东西来定义成功。我被他的话所鼓舞，于是冒着巨大的风险，请他做我的导师。他同意了。但当时我还不知道这段关系会对自己的生活产生怎样的影响。

布拉德让我认识到，我所有的努力都围绕着一个目标——赚很多钱，但这个目标最终并不会让我快乐或满足。他向我提出挑战，让我写一本书，讲讲如何在十八岁时就有了很好的工作选择，以便其他年轻人也可以效仿。写书的想法超出了我的舒适区。然而布拉德坚信这本书我可以写，所以最后我自己也相信了。1997 年 1 月 7 日凌晨 1 点 58 分，我开始动笔写起来。五个月后，我自行出版了《如何在毕业后找到一份完美工作》。但很快我就欠下了五万美元的债务！我不得不搬出舒适的宿舍，住进了每天只要四美元租金的车库。我在车库地板上睡了一年，那期间我最擅长做的饭就是煮方便面。

但是，布拉德再一次向我展示了一种新的可能。他让我向年轻人做演讲，这是一个很大的挑战。我开始在美国各地，甚至远至印度、芬兰、西班牙、荷兰和埃及的学校、学院和会议上发表演讲。有时我的听众多达一万三千多人。在这个过程中，我遇到了其他的导师，他们支持我、帮助我用新的、不同的方式成长。我甚至上了各种各样的电视节目和新闻杂志报道，如美国广播公司新闻节目《20/20》、美国全国广播公司的《今日秀》、美国广播公司的《观点》以及《华尔街日报》和《财富》杂志。这些都是几年前我从未梦想过的。我所需要的只是有人相信我并分享他们来之不易的成功秘诀。

现在我更成熟了，有了好几个导师。从他们身上，我学到了很多东西。每次我与他们交谈，我都感到精力充沛，充满力量。而且我也新结识了一群有经验、有知识、有勇气、有成就的人。最初我并没有打算写书，创办自己的企业，或到国外演讲，但我的导师们向我展示了一个我压根不知道的机会世界。所有这一切都是因为我在十八岁的时候鼓起勇气请布拉德做了我的导师。

16.8 请个教练

想一想，你不会指望一个运动员在没有世界级教练的情况下进入奥运会吧？在当今社会，教练不再是运动员的专属。在生活的各个领域——学术、运动、商业、音乐，任何领域的巅峰表现者都可以做教练。

在许多情况下，我们需要有人帮助我们明确目标，突破恐惧，激励我们付出最大的努力。教练还可以帮你发现你真正想做的事情，以及如何能达到这个目标。这里有一个非常好的消息分享给大家：大多数人会很乐意分享他们所学到的东西，因为他们会感觉到一种"重要感"，因此会把你的要求理解为对他们的尊重。

当然，并不是每个人都愿意指导你，但只要你开口还是有很多人都会同意。你没有什么可失去的，只需列一份你想邀请做自己导师的名单（老师、体育教练、企业主、社区领袖、家人朋友等），然后问他们是否愿意每月拿出几分钟的时间给你。

提示： 如果导师确实给你提了建议，一定要遵循，没有人愿意浪费时间。导师分享的策略要试一试，看看它们是否适合你。试着做一做导师们所做的事，读一读他们读的书，用他们的方式思考，等等。如果这些新的思维和行为方式有效，那么就照着做，使之成为你的习惯。如果不行就放弃，继续寻找新的、更好的方法。

想知道该怎么跟未来导师说吗？下面是来自休斯敦的十六岁读者克里斯蒂娜第一次邀请导师时说的话，你可以学一学。

您好，沃伦夫人。我叫克里斯蒂娜。我们还没有见过面，但我非常敬重您在服装生意上所取得的成就。我知道您真的很忙。所以我就长话短说了。我是一名高中生，我的梦想是建立自己的服装生产线。您对时尚行业非常了解。沃伦夫人，如果您能成为我的导师，我将非常感激。您每两周抽出十分钟的时间就行，我就问您几个问题。不知您是否愿意？

克里斯蒂娜能直面她的恐惧，问了沃伦女士，结果他找到了一个教练，然后就没有再回头了。在你的请求中，说清楚你为什么希望他们辅导你，以及你在寻找什么样的帮助。要简短，但也要有信心。如果克里斯蒂娜做到了，你也可以。

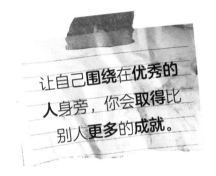

让自己围绕在优秀的人身旁，你会取得比别人更多的成就。

如果你问的人说不，记住 SW–SW–SW–SW（有人愿意，有人不愿意，那又怎样？总有人在等你），问问其他人，不要灰心。最终会有人同意的。记住，你问的人越多，你就能越快找到那个同意的人。

我的待办事项清单

☑ 要认识到，如果和火鸡在一起，就不能像鹰一样翱翔。

☑ 接受这个事实：我将成为与我相处时间最多的人。如果想更好
   地了解自己，就看看我选择的朋友。

☑ 要明白，我的表现往往只符合同龄人的期望。

☑ 离开"这不是很糟糕嘛？"俱乐部，让自己围绕在快乐、积极的
   人周围。

☑ 远离"精神吸血鬼"——那些吸取我成功所需能量的人。

☑ 接近那些在自己的领域做得优秀的人，向他们询问成功公式。

☑ 找到可以帮我向上攀登的翅膀，找一个会带给我挑战并让我成
   长的导师。

法则 17

记录成功，再接再厉

不能指望在**失败的基础上**成功，
只能在成功的基础上**再接再厉**。

——安东尼·罗宾斯

在你成长的过程中，父母有没有记录过你的身高？在厨房附近的墙上或衣柜门内也许都能看见记录你身高的标记。我们并不需要看到测量结果才知道自己在长高。但记录身高让我们真正看到成长的进程。这才是最重要的。

测量结果让我们知道跟过去相比自己长高了多少，与未来的目标身高相比还差多少（通常是要像父母一样高）。对这一进程持续记录就像是给自己打分，能激励我们正确地饮食，比如喝牛奶等，这样我们才能继续成长。换句话说，记录下来的积极成果鼓励我们继续做有建设性的事情，这样我们就能继续进步。

成功的人也会记录测量结果；他们会把自己的进步、胜利、积极行为等所有多多益善的东西记录下来。《不一样的工作力》作者查尔斯·库然特在研究成功时，提出了一个强有力的观点。他说：我们总是自然而然地想提高分数，打破自己的纪录，在下一次尝试的时候表现得更好。这就是记录激励我们创造越来越多的积极成果的方式。这种方法很好，可以强化创造这些结果的行为。这也正是本章法则发挥作用的地方。

所以你想多要的东西，都应该测一测。

想一下孩提时代的你。你肯定数过自己跳绳跳了多少个，在课堂上获得过多少金色小星星，在少年棒球联盟中击中过多少个球，卖出过多少盒女童子军饼干。所有对你比较重要的东西你都数过吧。基本上你记的都是好东西，因为你想得到更多这样的东西。

但随着年龄的增长，你可能就开始将自己与他人进行比较了，对自己也更加挑剔起来。也许你开始更多地关注自己的缺陷和错误。当然承认我们的错误和弱点是可以的——我们也必须这样做，因为只有这样我们才能改进。可是如果过度强调消极因素并使之成为我们的核心焦点就不是一件好事了。

记住，你关注什么，就会得到更多什么。为了测量某件事或某个指标，我们首先必须关注它。许多人在不知不觉中也是这样做的。我们会下意识地跟踪自己的结果。问题是，许多人倾向于关注他们过去的失败、搞砸的事和弱点，对许多做得很好的事和自己累积的经验和优势却视而不见。因此，你可以想象这将导致更多的麻烦。但如果你能把目光放在你的成就上，测量积极的一面，这将对你的自尊和表现产生无价的影响。

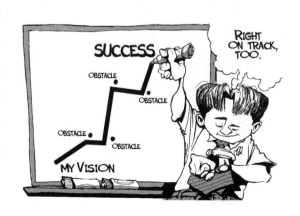

泰勒，18岁（犹他州，帕克城）：十二岁时，我加入了当地的青少年篮球联赛。父亲来观看我们比赛的时候注意到一些有趣的事情。教练们似乎都很关心球员做错了什么，比如丢球、传球失误、投篮失误和犯规。于是父亲决心要扭转青少年运动中司空见惯的负面关注。他做了一个记分卡，把我做对了什么以及我是如何成为一个更好的运动员的都记录下来。他一共记了七种我为球队成功所做的不同贡献。在这张记分卡上，几乎所有我在比赛中做的积极的事，父亲都会给我打分。

果然，我发现自己在比赛暂停时会兴奋地冲过去查看我有什么新的"贡献点"，父亲是这么称呼它们的。比赛结束后回到家，我会在墙上的图表上做记号，标出我的进步。通过这个简单的图表，我可以看到自己哪些方面有长进。赛季持续进行，我始终努力打球，确保图表上的曲线能一直向上延伸。这很酷，因为在赛季结束时，我的进步非常大，我自己也很惊讶，而且我没有受到父亲的任何责备。在这个过程中，我成长为一名更好的球员，因为我一直在发展自己的优势。专注于做得好的地方让我的信心也在增长。

今天，我仍然在做类似的事情。跟踪自己的成长和成功已经成为我的习惯。而我对于应该关注什么也选择得很谨慎。我知道自己有弱点，但我专注于我的优势和我做得好的地方，这样我就可以在此基础上继续发展。

⒘² 认可自己以往的成就

什么大多数人把重点放在他们的失败和局限性上，而不是他们的成功和优势上？嗯，仔细想想这真的不奇怪。只要回顾一下你是如何长大的就知道了。当你还是个孩子的时候，"表现得好"会怎么样？可能你会被单独留在那里抠手玩。但是当你淘气吵闹时，很可能大人就会对你大声吼叫，惩罚你了。当你的成绩单上写着优秀时，可能你会得到一句简单的"干得好"。但是如果你得了个不及格，上帝都不允许这样的事情发生！

你看到这里有什么趋势了吗？人们往往更关注消极的一面。诚然，表现不佳是有后果的，这就是我们的父母、老师、教练和老板在对我们发火时所强调的。但重要的是，我们要主动强调自己的优势和过去的成功，在此基础上再接再厉（然后体验更多的成功）。

我们演讲时经常要求听众做一些非常简单的事情。"请大家转向你旁边的人，分享过去一周里你的成功经验。"令人惊讶的是，许多人冥思苦想不知道该说什么。他们并不认为自己有什么成功可言。但如果让他们列出过去一周中的十次失败，他们会说："嗯，这很容易！"人们在确定胜利时感觉要困难得多。

你呢？你在过去做了哪些了不起的事情？事实上，我们都有过成功和胜利，完全可以以此为基础继续发展。问题是，我们是否会提醒自己取得的进步，并对其进行测量，以便我们有动力创造更多的成功？

斯泰西，17岁（加利福尼亚州，旧金山）：中学时，我对自己变得非常苛刻，从不满意自己的努力和表现。慢慢地，事情变得越来越糟。一位老师看到我非常沮丧，就跟我谈了谈。我并没有注意到自己的问题，但显然对他来说我的问题是很明显的。他说我一直在关注负面的东西——我的弱点、失败和问题。"嗯，"我告诉他，"那是因为我做的每件事都是错的，都是负面的。"然后老师问了我一个问题："在过去的一周里，有没有什么是你做得好的？"

"嗯……好像没有。"我说，"您没看到吗？我把什么都搞乱了。"然后我又继续列举了我所有的问题。老师只是微笑着点了点头。这让我更加沮丧了。我一说完，他就给我布置了一个任务："在一个星期内，专注于你做得好的地方和你所拥有的成功。"这让我很吃惊。

几天后，他向我核实。我告诉他我没有这样做，因为这只会打击士气。"相信我，"他说，"做一个星期吧。把你发现的都写在这个笔记本上。"我对此并不很感兴趣，但还是试了一下。

第一天和第二天，我没有太多的东西可以写，但到了第三天，我注意到一些以前没有注意到的东西。在这一周结束的时候，我已经很擅长做这个了。每一天我的清单都越来越长：不按下闹钟的贪睡键；拒绝在午餐时吃垃圾食品；给别人一个赞美；提高考试成绩等，所有能想到的我都写了下来。

当我最终努力寻找自己正在做的好事时，我才发现，一直以来我都在做很多积极的事情。而注意到这些事也让我对自己有了更好的感觉。我知道这听起来很俗气，但它确实有效。今天，这已经成为一种习惯。我也不再找一长串的理由来说明自己为什么不好，或者为什么不试试。现在我会自动寻找理由，告诉自己为什么我可以做某件事，为什么我应该采取行动。

17.3 风险很大

承认我们过去的成功有什么大不了的吗？为什么它如此重要？答案很简单：建立我们的自尊心。等等，先别翻白眼。自尊是一个经常被提及的词，人们认为只有害羞、胆小和软弱的人才需要这个东西。事实并非如此。

这样看吧：假设你的自尊水平是用扑克筹码来衡量的。然后想象一下，我们坐在一张桌子前正准备玩扑克牌游戏。但这里有一个问题：你只有十个筹码，而我们每人有二百个。你认为谁会更有信心？谁会更犹豫、更不确定、更谨慎？答案很简单，对吗？你会更犹豫、更保守，因为你只有十个筹码。如果五个筹码下一次注，输两次你就出局了。而我们输四十次才会出局。因此，我们会更愿意承担风险，因为我们能承担得起这些损失。

自尊也是一样。但与筹码不同，我们可以拥有无限的自尊。自尊心越强，我们愿意承担的风险就越多，也就越有信心去实现目标，追寻梦想。有大量的研究证明，我们越是承认并欣赏自己过去的成功，就越有信心迎接新的挑战，享受新的成功。即使面临暂时的失败，我们也不会垮掉，因为我们的自尊心够强。这一点至关重要，因为风险越大，我们成功的机会就越大。换句话说，你投篮越多，得分的机会就越多。

17.4 成功武器库

对我来说，胜利并不是当球场上哨声响起、
人群欢呼时突然发生的事情。
胜利是每一天的训练和每一个夜晚的梦想在**身体**和
精神上累积起来的东西。

——埃米特·史密斯
美国国家橄榄球联盟（NFL）有史以来最优秀的跑垒手

军队要有武器库；职业篮球队有各种战术指南；甚至松鼠也会收集一些过冬的食物。这些例子之间有什么关系吗？军队、球队、松鼠——他们都有准备好的资源来帮助自己生存、发展和成功。信不信由你，如果要取得伟大的成就，我们过去成功和胜利的资源库是必不可少的。

记住的胜利越多，并以此为基础继续努力，我们就会越好。因此，我们在此向你提出一个挑战：在一张单独的纸上，列出一百个或更多你生活中的成功经验。是的，我们说的是"一百个或更多"。可能你会觉得："这真是小菜一碟！"也可能你会说："一百个？好吧！你是认真的吗？"无论你是什么反应，我们都希望你能试一下这个练习。它的收益非常宝贵，而你也可以享受回报。

经验告诉我们，大多数人想出清单上的前三十个都没有问题。但要想再多就变得有点困难了。要想列出一百个，可能你就得把一些很小的事都算上，比如学会骑自行车，在学校演出中独唱，获得第一份暑期工作，在少年棒球联盟打中第一个球，帮爷爷把老爷车重新开起来，加入啦啦队，拿到驾照，给校报写文章，在贝内特夫人的历史课上取得优秀的成绩，在卡特先生的生物课上把成绩由及格提升到良好，学会游泳或冲浪，在县集市上赢得一条丝带，等等。如果需要，你也可以写下这些："通过一年级，通过二年级，通过三年级。"这些也是胜利！现在你的目标就是简单地写满一百个。你能做到吗？

毋庸置疑，生活节奏如此之快，我们很容易失去洞察力。例如，如果有人很久没有见到你，他可能会说，"你真的长大了"。与此同时你在想，"我有吗？我不觉得有什么不一样啊"。有时我们很难衡量自己生活的进展，因为当局者迷。每天有这么多事情要做，焦头烂额的我们并不总是能看到大局。人总是在成长的。六个月后，我们肯定和现在不再是同一个人了，因为我们经历了新的事情，得到了新的重要生活教训。但是，如果我们对自己的进步、成长以及每天的成功不以为然，那么这些过往也不会再次产生积极的影响。

为了继续增加这些扑克牌筹码，试着写一篇书面日记，记下你的成功，无论大小都可以，就像斯泰西在本章前面解释的那样。可以写在活页笔记本上，也可以用电脑文档写，或者用皮制的日记本写——这都取决于你。

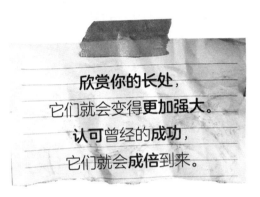

欣赏你的长处，
它们就会变得**更加强大**。
认可曾经的**成功**，
它们就会**成倍**到来。

17.5 展示出来

有个事实我们得清楚：人们在环境中看到的东西会影响他们的情绪、态度和行为。这意味着人的整体表现也会受到环境的影响。但还有一个更重要的事实：环境是可以为我们所掌控的。我们可以选择挂什么照片，在浴室镜子和储物柜门上贴什么语录，在桌子和架子上放什么奖品、证书和奖杯。

听起来可能有点可笑，但把我们成功的证据（奖品、证书、奖杯、照片、信件、奖章等）展示出来能在心理上加强我们专注和努力的意愿。为什么呢？因为这会提醒我们过去得到的奖励和好处。人如果不断看到显示自己过去成功的东西，就会将自己视为赢家——一个在生活中不断取得成功的人！这不仅能树立起对自己的信心，还能使其他人也对你也充满信心。

信心是会传染的，缺乏自信也是如此。

——文斯·隆巴尔迪
绿湾包装工队主教练
带领绿湾包装工队获得六次分区冠军、五次国联冠军和两次超级碗冠军

17.6 生命是一段旅程，要享受前进的过程

你见没见过有些人取得了非凡的成就——如打破体育纪录，创办成功的企业，写书，或者以班级第一名的成绩毕业——但仍然不满足呢？多么可悲啊！

这些人通常认为他们在"逼迫自己"超越自己的

"真实"能力，以达到更高水平，但事实是，他们在欺骗自己，也失去了本可以体验到的信心和成就感（而这些信心和成就感完全可以用来获得更多的信心和快乐）。事实上，如果感受不到成功，我们就永远不会成功。

不满意的成功是没有意义的。

有人欣赏我们的成就和努力，这很好。但真正的奖励来自我们的内心。是我们决定了自己是否感到不满意或成功。指望下一个成就或其他人的评价来让自己感觉良好只会让我们失望。

你在体育、学业方面怎么样？业余爱好多不多？你如何衡量自己的表现？通过成绩衡量，还是他人的意见，过去的成就，或者个人的评价？弄清这一点极为重要。其实最重要的标准应该是你自己的个人评价。为什么？因为在大多数情况下，对自己的技术或能力不

认可的人，无论取得多大的成就都不会改变他们对自己的看法。这句话再读一读体会一下！这意味着如果不小心，自我怀疑就会蒙蔽我们的双眼，让我们看不到自己的能力和曾经的成功。

珍惜自己获得的所有成功，因为你的自我价值和自尊并不是由成绩、奖杯、证书或其他人的意见所决定的。它们取决于你如何评价自己的成就。如果有什么事你做得不错，就应该感觉良好，这是一个必须做的有意识的选择。一定要停下来欣赏自己，欣赏自己的才能、技能和成果。所有这些都能帮你建立信心，加强你的自我价值感。只是简单地

承认自己做得很好，你就会感到一种成就感和认可感。

最近，我们与莫妮卡谈了一次话，她是一个十七岁的学生，深受朋友和学校其他人的尊重。她非常受欢迎，更不用说她是一个全优学生、校排球队队长

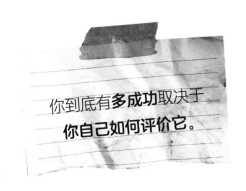

你到底有**多成功**取决于**你自己如何评价它**。

和好几个艺术比赛的冠军。而且锦上添花的是，她还被选为返校节女王。

按照大多数人的标准，莫妮卡是非常成功的，但从她的眼睛里看到的是自己从来都不够好。去年，她的球队在排球联赛决赛中获胜，我们向她表示祝贺。"好样的！你一定感觉很好吧！"她回答说："我其实可以做得更好。"然后她列举了一长串她在决赛中所犯的错误，以及她本可以打得更好的方法。我们感到很震惊。

在与她进一步交谈后，我们发现莫妮卡的自我批评不只发生在排球场上。尽管她已经取得了很多成就，理应对自己感到满意，但她了解的更多的是自己的弱点和错误，而非成就。为什么呢？因为那是她选择关注的点。拥有高标准并在我们的缺点上下功夫是很重要的，但如果我们做了许多了不起的事情却不知道欣赏，我们最终将遭受一种可怕的副作用——"倦怠"。这种情况会发生在莫妮卡身上吗？有可能，但有一件事是肯定的：如果不停下来充分欣赏自己，欣赏自己的长处和成就，她将永远无法体验到最大的兴奋和满足。而且也没有人能够为她做到这一点。

我们是唯一能让自己觉得自己是有价值、有能力的的

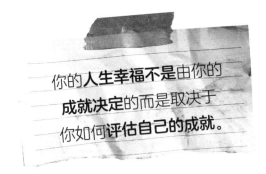

你的**人生幸福不是**由你的**成就决定**的而是取决于你如何**评估自己的成就**。

那个人。如果我们不重视自己，任何奖励、证书或赞美都不能改变这种看法。这一切都要从承认我们做得好开始。

有没有什么成功——无论大小——是你没有完全承认的？想一想吧。这是你坚持不懈、继续努力工作所需要的燃料。不要剥夺自己的快乐、自信和自尊，你可以在此基础上为未来的成功做准备。

我的待办事项清单

☑ 要意识到，记录我的进展会帮我保持动力；知道这些记录会强化产生这些积极结果的行为。

☑ 关注并记录我的优势和成功，因为我知道我会得到更多我所关注的东西。

☑ 创建一个胜利日记，持续记录我的成就、胜利和成功。

☑ 养成关注并欣赏我每天做得好的地方的习惯。

☑ 要明白，我的环境会影响我的感觉和表现。所以，我要选择创造一个积极的环境，把鼓舞人心的名言、照片、奖状、证书和奖杯挂在我能经常看到的地方。

☑ 认识到建立对自己的信心也能让其他人对我有信心。

☑ 要明白，知道我的成功水平取决于我如何评估自己的表现。我必须欣赏自己的能力和胜利，以便在成功的基础上再接再厉，提升自我价值。

法则 18

盯住目标，坚持不懈

总是因为**放弃**得**太早**！

——诺曼·文森特·皮尔

我们以前都听过这句话："艰难之路，唯勇者行。"这句话是绝对正确的！经过多年对成功的研究，我们发现坚持可能是高成就者最常见的一个品质。他们拒绝放弃。因为挑战是不可避免的，只有那些坚持不懈的人才能充分享受生活提供的所有回报。

坚持的原因在于：你坚持得越久，就越有可能遇到对你有利的事情。不管看起来多么困难，你越是坚持就越有可能成功。

有些人认为耐力是天生的，其实并非如此，它是在你盯准目标不停努力的过程中培养出来的。

(18.1) 免责声明！

"坚持下去" 这个口号已经解决也将始终解决人类的问题。

——卡尔文·柯立芝
美国第三十任总统

尽管我们很想否认这一点，但实现目标和梦想的过程并不总是一帆风顺的。有时面对障碍，面对那些没有预料到的挑战以及任何计划或预想都无法预计的困难，我们不得不咬牙坚持下去。但你猜怎么着？这就是生活，谁也不能例外。所以越早接受这一事实，我们就越能在心理上做好准备，从而在挑战出现时（挑战必然会出现），能坚持下去，"继续前进"。

我们坚持不懈的意愿很像肌肉力量：必须每天坚持锻炼才能增加这种急需的"精神肌肉"。而且训练得越多，我们的注意力、决心和坚持不懈的能力就会变得越来越强。换句话说，我们越是克服挑战，无视诱惑，拒绝放弃，越容易在"下一次"困难来的时候坚持下去。

有时我们倒起霉来连自己都难以置信，或者我们会遇到看似让人无法承受的困难。这些才是真正考验毅力的时候。像往常一样，这种情况下最重要的是我们如何反应。面对挑战，成功的人会加倍努力，刻苦钻研，使出浑身力气。他们不抱怨，坚定地采取行动。

如果你想看看极端意志力的典型例子，观察一下蚂蚁就行了。是的，蚂蚁……这些小生物在数量上远远超过我们（根据 fascination. com），大约是 1 666 666∶1！蚂蚁如此成功是有充分理由的。你有没有注意到，蚂蚁总是很有毅力？想一想吧，当它们的巢穴被雨水冲走或被人类踩踏时，你永远不会看到蚂蚁闷闷不乐，嘟着嘴，生气，然后抱怨。如果蚂蚁会说话，它们也不会像这样大喊："我四分之三的时间都用来建这个窝了，可你几秒钟就把它毁了！你有什么毛病吗？我真不敢相信！我该怎么办？可怜的我。可怜的我。可怜的我。"不可能！蚂蚁

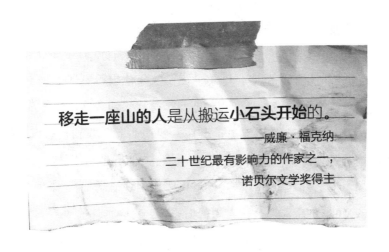

移走一座山的人是从搬运**小石头开始**的。

——威廉·福克纳

二十世纪最有影响力的作家之一，

诺贝尔文学奖得主

只会第一时间处理这个问题！在几秒钟内，它们已经在解决问题，重建它们的巢穴了。让人惊讶与佩服吧！

18.2 勇往直前

只有拒绝放弃，努力才会完全得到回报。

——拿破仑·希尔

我们的朋友布鲁斯·肯尼迪在人生早期遭遇了极大的困难和挑战。他出生在非洲小国罗得西亚（现在的津巴布韦），那里正处于战争的边缘。他把体育看作通往自由的门票。

为了成为最好的标枪手，他训练非常刻苦。1969 年，布鲁斯赢得了加州大学伯克利分校的奖学金。他的前途一片光明。当时他的个人最佳标枪投掷成绩是 222 英尺 3 英寸。第二年他投得更远了——249 英尺 10 英寸。布鲁斯因此入选罗得西亚奥运会代表团，这让他非常激动。

1972 年在抵达慕尼黑奥运会后，罗得西亚队收到消息说，由于种族隔离和其他政治问题，他们不能参赛。"他们把我们从奥运村转移到附近的一个军事基地，这样我们就可以作为观众观看。"布鲁斯回忆说，"这次经历很难忘，但也让人痛苦失望。"

1973 年，布鲁斯将他的投掷距离又提升了 17 英尺 1 英寸。但在 1976 年的蒙特利尔奥运会上，罗得西亚队没能获得许可前往加拿大。布鲁斯的第二次比赛也搁浅了。"我不敢相信这是真的，但我也无能为力。我可以选择放弃、生闷气，或者昂首挺胸。"然而，他并不愿意退缩。

1977年结婚后，布鲁斯成为美国公民。当最终赢得全国标枪冠军并获得资格进入美国奥运队时，他觉得自己的麻烦已经过去。但三年后，也就是在1980年奥运会之前，卡特总统下令美国抵制奥运会。这是布鲁斯连续三次不能参加奥运会。想象一下，一个人分别获得了三次奥运代表队的资格，却从未有机会参加奥运会！布鲁斯感到很受打击——特别是由于他在1980年奥运会前投出了287英尺9英寸的个人最佳成绩。（顺便说一下，在投出个人最好成绩之前，他从1973年6月到1980年3月一英寸的距离也没提升！七年……这不是毅力是什么？）

"很多人都不相信，但我不觉得自己的经历是消极的。"布鲁斯说，"我只是一个在非洲长大的普通孩子。竞技体育让我能免费上大学，让我认识了我的妻子，还让我成为世界上最伟大国家的公民。要不然我就会被困在非洲打仗了。"

布鲁斯的故事让人难以置信吧。这个例子说明，正确的态度加上坚持不懈的努力可以积极地塑造你的生活。尽管没有得到想要的结果，但布鲁斯确实遇到了梦中情人，获得了美国公民身份，所有这些都是因为他塑造了自己的心理肌肉，保持专注，努力训练，克服生活的挑战。

直到今天，布鲁斯仍然非常专注坚定。虽然五十六岁了，但是他每天早上四点就起床去上班；他总是遵守自己的承诺，每天骑行二十五英里；此外他还拥有自己的投资管理业务；在加利福尼亚圣巴巴拉的山上有一个不可思议的家庭、一幢不可思议的房子和一种很棒的生活方式。也不错哦！如果你问他，布鲁斯会告诉你，他的许多成功都是宝贵人生经验的直接结果。

"如果你想实现梦想，就必须有一个目标并相信自己。"布鲁斯说，"必须有一个最终结果。不能只是在方便可行的时候努力，不能遇到困难就退缩。值得追求的目标需要一周七天每天二十四小时不间断地努力才能实现，而这其中的关键就在于坚持。这样看吧：没有目的地的旅程只是在徘徊。"

我们最大的**弱点在于放弃。**
成功最可靠的方法
就是**再试一次。**

——托马斯·爱迪生

18.3 紧盯目标

障碍是当你把**目光从目标上移开**时看到的那些东西。

——亨利·福特
企业家、福特汽车公司创始人

你上次真正想要的东西是什么？我们说的是一种强烈的欲望，只要一想到它，你就会觉得紧张心慌。也许是你小时候的某个玩具，一只小狗，球队的首发位置，去最喜欢的城市或露营地旅行，当地音乐会的开场演出，与特别之人的约会，体育冠军的头衔，或者梦想中的汽车。

无论是什么，你是否记得自己是如何对它魂牵梦绕的？你又是怎样专注于结果、成就和回报的？当你的眼睛死死盯住一个目标时，挡在你面前的障碍就显得无足轻重，可以轻易征服。而你用来达成那个特定结果的能力并没有改变。唯一改变的是你选择关注的地方。当你关注结果并把目光放在目标上时，决心就会随之而来。

有了这种决心，自然而然就有了动力，让你能坚持不懈地克服通往成功之路的障碍。

　　无论周围发生了什么，成功的人都会保持积极的关注。他们专注于下一步该怎么做才能更接近目标，而不是专注于生活中出现的那些干扰。他们非常清楚该如何分配自己的注意力和精力。另一方面，那些从不采取行动，总是有理由解释为什么"不能做"的人，只是养成了一种无意识的习惯，把注意力集中在所有遇到的障碍上。

　　要想发挥坚持的力量，我们必须时刻谨记目标是什么，并把大部分的精力用来关注和思考这一目标。为什么？因为当我们知道自己的努力将直接带来某一特定回报或结果时，自然会产生自律和毅力。所有成功的人都知道：

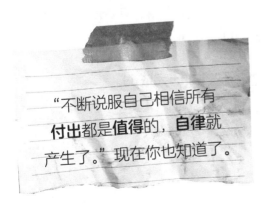

"不断说服自己相信所有**付出**都是**值得**的，**自律**就产生了。"现在你也知道了。

那些始终如一地坚持实现自己的目标的人清楚地知道他们为什么要采取行动，因为回报让他们兴奋。如果你正在努力寻找一个坚持下去的理由，或者你想更加坚定，就请不断地问自己这三个问题：

1. 我想要的结果是什么？

2. 如果坚持实现这一目标，我的生活将如何改善？

3. 如果不能克服挑战和障碍，我将错过什么？

卡罗琳，15 岁（加利福尼亚州，海山城）：我做事总是虎头蛇尾。很多事我可以起头，但当事情变得棘手时，我通常就会退缩。而最让我烦恼的是我不知道为什么会这样。有一天，我打算和朋友一起去跑步，为五公里比赛做训练。但最后我决定不去了。朋友很恼火，因为我以前也经常放她鸽子。她说："你不想做什么事的时候总能找到理由！"

我很生气，立即回应说："才不是呢！"但这种说法我不止听到一回了，所以我停下来，心想："也许她是对的。"这一点在现在看来很明显，但当时我并没有注意到。在那之后，我开始认识到以前没见过的自己。我发现自己一直想的和关注的都是错的。我把注意力集中在我必须做的所有事情上，而不是放在那些通过坚持便能获得的所有回报上。所以我写下了肯特和杰克谈到的三个问题（见上文），每次面对挑战时，我都会提醒自己问一问这些问题。

让我惊讶的是，这真的很有效！现在我知道了坚持不懈的好处，看到的也不再是路上的众多障碍。我可以很自豪地说，我跟朋友承诺一起再跑一次五公里比赛，而且我做到了！我向自己证明，采取行动并完成目标的感觉要比逃避好多了！现在，无论什么事，只要开始做了，我都无比兴奋地期待完成的那一刻。坚持变得越来越容易了。

伟大的事情不是靠冲动完成的。

18.4 别吃那个棉花糖！

而是由**一系列的小事**组合而成的。

——文森特·凡·高
19 世纪特立独行的画家

想象一下，有人把一块你最喜欢的糖果放在你面前的桌子上。在离开房间之前，他说："你可以现在就吃一块糖果，或者等十五分钟后再吃，不过那时你可以吃两块。"你会怎么做？你的答案可能比你想象的更能说明你是否有长期成功的潜力。

20 世纪 60 年代，斯坦福大学的沃尔特·米歇尔博士开展了一项广泛的长期研究，被称为"棉花糖实验"。一组研究人员把一个棉花糖放在四岁的孩子们面前说：

"你现在就可以吃一个棉花糖，但如果你能等十五分钟，我去办点事，等我回来时，你可以吃两个棉花糖。你自己决定要哪种。"有些孩子等研究人员一离开房间就吃了棉花糖；另一些孩子则考虑了一下，等了几分钟，然后也吃了棉花糖。最后，尽管等待的过程很不舒服，大约三分之一的孩子还是耐心地坐在那里，直到研究员回来，这样他们就可以享受双重奖励了。

几年后，米歇尔博士再次采访了这些孩子，这次是为了看看他们目前有多成功，生活有多幸福。结果令人难以置信！当年的孩子们现在都是高中生了。那些拒绝立即吃棉花糖的孩子现在成绩更好，SAT 分数也更高。他们更加自信、自立、有动力，社交能力和个人满足感更强。该研究还发现，他们解决问题的效率更高，更有可能在充满挑战的时候坚持自己的目标。这方面的例子不胜枚举。这些学生的一个共同点就是有能力控制他们的冲动，在追求更大的目标时延迟满足。

那些"抓过来就吃"的孩子（就是只吃了一个棉花糖的那些人）怎么样了呢？他们的结果也同样让人有所启发。研究人员发现，抢食者更加固执，更容易受到别人的影响，不那么果断，自尊心较低，而且容易受挫、气馁。根据这项研究，甚至几年后这些人仍然不能做到延迟满足。换句话说，他们宁愿回报少一点，也要马上先享受了再说，不愿坚持不懈，争取长期的更大回报。

现如今生活节奏很快，在一个快速发展的世界里，大多数人不喜欢等待结果。试想一下：把一封电子邮件发送到世界各地只需要几秒钟。只要用我们的小手机，就可以拍摄一张高质量的照片，瞬间就能发给地球另一端的朋友。银行余额明细一出来我们即刻就能在线查询。一天二十四小时任何时候，订一份餐也是分分钟的事！是的，我们已经习惯于即时的结果。

但这也有弊端：这种"我现在就想要"的心态是一种严重的缺陷，让许多人无法获得自己真正想要的生活。我们很容易忽视一个事实，即有些事情需要时间。这就是事实，无须再说。许多人知道他们"现在"想要什么，但很少有人愿意做出必要的牺牲，以获得最大的利益和未来的回报。

为了做到持之以恒，我们必须控制自己的冲动，愿意为一个可能不会立即出现的结果而努力。说起来容易做起来难，但正如棉花糖实验所显示的那样，那些能够控制自己的注意力并推迟即时满足渴望的人将大大增加他们长期成功和幸福的概率。那么，这是否值得？你觉得呢？

这里有一个很好的例子：教育。教育在当今世界非常重要，你同意吧？当然了，你肯定会同意的。否则，你就不会读到这本书了！尽管在学校读书并不总是那么容易，一年又一年要高度集中注意力学习知识，但教育显然有长期回报。优质的教育意味着在以后的生活中会有更多的薪水，这一点是不会变的。

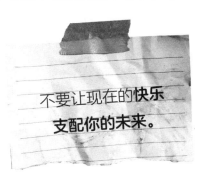

不要让现在的**快乐**支配你的未来。

(18.5) 重新定义"问题"

> 如果没有**挑战**，我们真的知道
> 自己**能做什么**吗？
>
> ——佚名

"**哇**，这正是我需要的人！"一位年轻的高中生指着繁忙街道对面那位他在新闻中认识的亿万富商说。他不假思索，立即跑过车水马龙的十字路口，甚至差点造成了一场事故。来到商人跟前，高中生一把抓住他的袖子说："你一定要帮助我！我的生活中出现了一些棘手的问题，实在不知道该怎么办了。"这位商人非常平静地把陌生人的手从他的西装外套上拿开，说："我正要去参加一个重要会议，如果你愿意，我可以告诉你一个地方，那里的人都不会为问题而烦恼。"

"你愿意为我这么做吗？"那学生说，"谢谢！谢谢！"商人拿出两张纸，在其中的一张纸上写下了附近一个地方的地址。在第二张纸上写字的时候，他对学生说："在到我给你的这个地址之前，不要看第二张纸上的内容。"

学生竭力地忍住自己激动的心情，点了点头。商人向他挥挥手坐进了自己的豪华轿车，还不忘向他眨眨眼。

学生按照指示，以最快的速度跑过一条又一条的街道，身边高大的建筑群被他一一甩在身后。当越来越接近纸条上的地址时，他注意到远处的天际线变得开阔起来，前方好像是一个有树木和绿草的公园。

快到公园时，他看周围什么都没有，就想这个地址一定是错的。很快，学生意识到这不是一个普通的公园，而是一个墓地。看见墓地入口大门上的地址和手中的地址一样，他大吸了一口气。正疑惑不解，他想起第二张纸，于是从背囊中抓起纸条大声念道："有五千多人埋在这里，他们谁都没有问题困扰。"

这种看待生活的方式多有意思啊，你不觉得吗？大多数人认为，成功意味着根本没有任何问题。但这与事实相去甚远！不管你今天是谁，也不管你在过去取得了什么成就，我们在生活中都会面临问题。事实上，问题和挑战是生命的标志。如果是这样的话，我们最好重新定义"问题"对我们来说意味着什么。

先解释一下：与其在发生意外时感到灰心和不知所措，不如选择性地把障碍看作你仍然活着的标志！而且更好的是，你所面临的每一种情况都是在给你机会，让你变得更强大、更睿智、更有经验。这些都是想要取得更大成功所必备的！现在你会用另一种方式看待生活中的困难了吗？当然会！

试着把"问题"这个词从你的词汇表中彻底删掉。这么做以后我们就有了坚持的意愿。为什么呢？因为没有人喜欢面对问题。而且我们使用的词语会影响我们的思维和感觉，所以将"问题"这个词重新定义为"挑战"就很有意义了。现在，我们可以用对待"挑战"的方式来应对同一个障碍了，这就大不一样了。这种重新定义的方法更好，因为我们都喜欢接受"挑战"。想想看，这就是为什么我们喜欢运动、棋盘游戏、电子游戏、填字游戏等等。因为这些既考验我们，又能帮助我们看清自己有能力做什么。我们喜欢挑战自己，挑战自己的运气，看看自己能有多大进步。

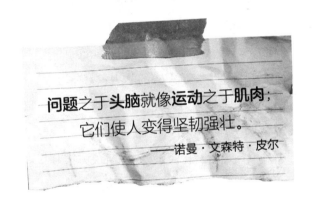

问题之于头脑就像运动之于肌肉；它们使人变得坚韧强壮。
——诺曼·文森特·皮尔

18.6 90/10 规则

当事进展顺利时，我们很容易坚持下去，但当遭遇挑战的时候，我们的本色就会显现出来。面对意外的挑战，你会怎么做？是选择简单易行的抱怨、担忧或发牢骚，还是换个方式？如果能读到这里，你肯定知道抱怨永远不会让问题消失。事实上，我们盯着它们的时间越长，情况就越糟糕。

你有没有注意到，小问题是何时开始看起来像真正的大问题的？答案就是当我们越谈论它们，越关注它们的时候。过度分析某一障碍会让情况或挑战看起来像一个死胡同——当我们在看不到任何选择的时候，就会失去坚持下去的动力。另一方面，成功的人对问题不会给予太多的关注，他们可以任由问题自行发展，即使到无法控制的地步也没有关系。这就是他们所用的 90/10 规则：只把 10% 的注意力放在问题上，而把 90% 的注意力放在制定解决方案和采取必要的行动来应对挑战上。听起来很简单吧，事实也的确如此。

然而，许多人的做法恰恰相反。他们对遇到的问题了如指掌，但却从未越过这个阶段去想一个解决方案。这就是不幸的根源！

下次再遇到什么困难，限制一下你用来思考问题本身的时间。时间用完了立即转移你的注意力，制订一个计划来处理这种情况。如果用数学表达就应该是：你每花 1 分钟看问题，就花 9 分钟来制定和实施解决方案。

提示：试着想出三种方法来绕过、越过或通过障碍。对于每一个障碍，都想出三种不同的方法来处理它。很多方法都能行得通，但只有你花时间去寻找才能找到方法。

要养成始终以解决方案为导向的思维习惯，坚持下去，直到你找到一个可行的办法。

当你把大部分时间花在研究解决方案上时，你就会有向前推进的能量和创造力。知道了贯彻执行的好处，坚持就很容易。当我们知道下一步该做什么时，就会更有动力开始行动，克服挑战。为什么呢？因为我们知道该怎么办！你想要的结果的愿景会帮助你采取行动并执行计划。

萨拉，16岁（华盛顿州，西雅图市）：并不是说我有多喜欢面对问题，我只是没有意识到自己花了多少时间关注它们。而且很奇怪的是，这些问题从未消失过。每当有什么事情发生，我就立刻想："为什么是我？"或者"哦，好吧，怎么又是这个！"而这些反应只会延长问题存在的时间，因为我关注、思考这些问题的时间越长，它们就变得越发令人生畏，而我也就更加拖拉起来，没有解决问题。

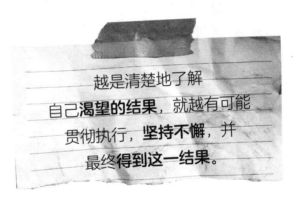

越是清楚地了解自己**渴望的结果**，就越有可能贯彻执行，**坚持不懈**，并最终得到这一结果。

我总觉得自己是被迫去改变生活中的一些事情——我确实是这样做的！但只是因为我等了太久，最终不得不做出改变。90/10规则帮助我解决了自己的注意力问题。我不再把大量时间花在纠结问题本身上，而是立即思考我能做些什么来解决这些问题。很不一样！我认识到，问题来了其实有很多解决方案，而一旦我看到了方案，就立刻感觉好多了，因为我知道接下来要做什么。相信我，当事情发生时，把它处理好要容易得多。专注于问题本身只会让事情变得更糟。

18.7 避免荒唐行为

大多数人遭遇**失败**是因为
他们在制订取代原有失败计划的新计划时**缺乏毅力**。

——拿破仑·希尔

你还记得我们对荒唐的定义吗？"反复做同一件事，却期待不同的结果。"我们见过很多人做起事来坚持再坚持，但总是得到相同的结果。他们说服自己，同样的策略实施的次数够多，最终就会成功。虽然保持乐观并将目光放在结果上是很重要的，但我们必须有足够长的时间来观察正在做的事情是否有效。正如前面章节讨论过的，我们不断得到各种形式的反馈，这些信息可以给我们带来非常重要的启发。

当然，有些时候我们必须坚持，不断重复计划步骤。但我们同时也要注意接收到的反馈模式。问问自己："我是在接近想达到的目标，还是挖了一个更深的坑？"

如果总是得到同样不理想的结果，不要责怪自己能力不够。当得到一个不想要的结果时，它很少是对你自己的反映，而是对你当前策略的反映。要根据情况灵活处理——不，我们说的并

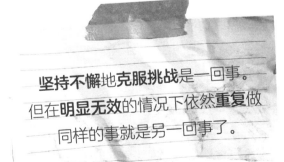

坚持不懈地**克服挑战**是一回事。
但在**明显无效**的情况下依然**重复做**
同样的事就是另一回事了。

不是你"弯腰够到脚趾"的这种能力。我们的意思是，你得能够调整自己的行为。在现实世界中，能实现所有目标的"通用策略"是不存在的。如果某种方法不奏效，我们必须愿意改变自己的做法，放弃那个不起作用的策略。改变做事的方向是可以的，这并不是放弃，而是尝试不同的东西来获得相同的结果。这是长期成功的关键。

如果你正在做的不奏效，那就试试别的。如果还不起作用，那么（嗯，还有下一步！）再试试其他的。就像一把密码锁，我们只需要找到密码的正确顺序就能把锁打开。要坚持不懈地得到结果，而不是坚持不懈地执行一个对你无效的计划。

18.8 总结

胜利者永远不会放弃，而**放弃者永远不会胜利。**

——佚名

尼尔森·曼德拉曾经说过："生活中最大的荣耀不在于从不跌倒，而在于每次跌倒都能站起来。"生活中充满了意想不到的挑战。有时我们会在通往成功的道路上摔倒好几次；有时实现起目标来也没有想象的那么快。这都没关系，这就是生活。

但是，我们必须愿意坚持下去，即使事情没有按照我们想要的方式发展，也要付出最大的努力。因为没有立即看到结果并不意味着最终我们不会看到它。

也许你听说过这句话："失败是一条阻力最小的路。"但我们觉得这句话应该改为："失败是一条毅力最弱的路。"这句话绝对正确。失败只有在我们停止、放弃或退出时才出现。而坚持让我们有足够长的时间留在游戏中，给自己一个赢的机会。

我的待办事项清单

☑ 要认识到，我坚持的时间越长，就越有可能实现目标。

☑ 要接受成功之路不会总是一帆风顺的事实，从而在心理上做好准备，坚持不懈地迎接挑战。

☑ 专注于结果，把目光放在回报上，因为这么做决心会随之而来。

☑ 控制我的冲动，愿意为可能不是立等可见的结果而努力，因为这样我会大大增加自己长期成功和快乐的机会。

☑ 把"问题"看成"挑战"，知道这些障碍只会让我更强大、更明智。

☑ 只花 10% 的时间来分析挑战，把 90% 的时间用在制定解决方案和实施计划上。

☑ 在不断收到的反馈中寻找模式，并愿意尝试用不同的方法来获得我想要的结果。

法则 19

倾情付出，
做最好的
自己

优秀来自考虑周全的智慧，敢于冒险的勇气，比现实远大的梦想，以及期待更多的可能。

——佚名

你是那种凡事多走一步，超额完成承诺的人吗？嗯，成功的人都是这样的。这是所有高成就者的特征。实际上，如果只努力了一半你就满足了，你是不可能成为最好的自己的。

其实一件事即使完成了99%也是不行的。哪怕只有一个理由不去做什么，也足以阻止我们去做必要的事情，获得真正想要的东西。运气和成功之间的区别就在于连贯性——真正助力你得到最好的，体验最好的，成为最好的自己的方法是持续不断地尽最大的努力。听起来浅显易懂吧？然而，令人惊讶的是，有太多人每天醒来后都会与自己争论是否要遵守承诺，履行诺言，落实行动。

那些在生活中享受到最好的人有一种"不惜一切代价"的态度。他们全力以赴，倾其所有来实现自己的目标——不管是赢得联赛决赛，获得全优成绩，为学校筹款活动卖出最多的杂志，还是锻炼身体、工作、创业或者保持健康的人际关系——是的，甚至连洗碗、洗车、完成作业这样的小事都是如此。高绩效者做什么事都要做到极致，因而他们的生活质量也很高。

(19.1) 什么是"酷"？

非凡人生的秘诀是什么？做得更多，成为更多，付出更多。但现实生活好像给每个人都设置了一个不大不小的难题。似乎有一条不言而喻的法则，说："努力就不酷了。"这个观念从何而来呢？通常这不是说出来的，而是暗示出来的。可是如果"酷"意味着不努力，那么在生活中挣扎，勉强维持生计一定是很酷的。因为这就是那些决定付出一半努力就可以的人所得到的。（请注意，这确实是一个"决定"！）只是那些所谓的"酷"的人高中毕业二十年后在哪里呢？你会发现他们正在为那些在课堂上、在球场上、在音乐室里以及在生活的方方面面都刻苦努力的人工作。

我们所有人都要做这样的选择：（1）超越期望，努力奋斗，或者（2）走捷径，图省事，懈怠躺平。该怎么选完全取决于我们自己；谁也不能强迫我们怎么做。顺便说一句，"酷"到底是什么？可能你会发现原来它与你最初的想法并不一样。我们在做演讲时，有时会做一个"酷元素"的练习。与其解释起来让你无聊，不如你自己试试。就是下面这个：

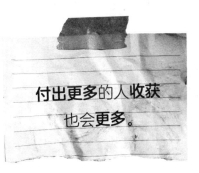

付出更多的人收获也会更多。

"酷元素"练习

第1步： 选择五个你认为"酷"的人——五个你欣赏的人。他们可以是名人，也可以是你生活中认识的人（答案没有错误或正确之分）。把这五个人的名字写在一张纸上。

第 2 步： 在名字旁边，列出他们的特点和你认为他们"酷"的原因。

第 3 步： 查看名单，圈出任何重复出现的词语。你所圈出的特征通常是你定义为"酷"的东西。

你发现了什么？结果是否让你吃惊？我们第一次做这个练习时也很惊讶。我们发现自己欣赏的东西与最初认为的"酷"并不相同。从圈出的词来看，很明显我们尊敬和仰慕的人是那些努力向上、保持专注、持之以恒并为他人着想的人（无论他们是否知名）。所以，好像努力并尽你所能取得成功也是相当"酷"的。有意思吧！

19.2 超越期待

再多一点！短短四个字概括了大多数**成功**
人士超越普通人的原因。
他们做了所有**别人期待**自己做的事情，
又**额外多做了一点**。

——A. 卢·维克瑞
作家

十 几岁的布莱恩·麦克默里在加利福尼亚州库珀蒂诺的天堂之门公墓祭扫祖母时，看到一位手拿鲜花的高大老人因路面不平突然摔倒了。其他人也目睹了这一幕，包括布莱恩的一群朋友，但谁也没上前帮忙。布莱恩没有袖手旁观，他立即跑过去，见老人并无大碍，就把他扶了起来。在场的人看到布莱恩反应如此之快都很惊讶。他们当然没有想到布莱恩会这么做，那个老人也没有想到。

布莱恩主动与老人交谈，得知他是来看望妻子的，但不记得妻子的墓地在哪里。布莱恩并没有把他丢在那里，而是主动提出帮他找到墓地。找到后，布莱恩耐心地等待着这个人，然后一路送他回到车上。到这儿就结束了？不完全是。他接着又做了一件事！布莱恩要了这位老人的电话号码，以便三十分钟后给他打电话，确保他安全回到了家。

哇！这下好了。在场的旁观者——他的朋友，甚至他的父亲——都彻底惊呆了。但布莱恩这样做并不是为了讨好谁；他也没有考虑这到底酷不酷。他说看到人们对自己的做法如此反应确实有点吃惊。这位老人被布莱恩的体贴所折服，不住地表示感谢。他告诉布赖恩，是布赖恩"让自己的一周都圆满了"。朋友们对布赖恩的领导能力深深佩服，父亲也为他感到骄傲不已。

布莱恩所做的事没有花费一分钱。任何人都可以这样做，但却没有人这样做。没有人期待谁会这么做，可一旦有人做了，所有人又都喜欢。正如布莱恩说的那样，这一天剩余的时间里他一直情绪很高。他把别人放在自己的前面，可到头来他觉得自己才是收获最大的人。直到现在，布莱恩也总是寻找机会超越期望、超额完成任务。因此，他已经成为一个仿佛天生的领导者，别人所仰望的人。

做得要比要求的多。始终**不断实现自己目标的人**，
和那些一生都跟在梦想后面**求而不得的人**，
有什么**不一样**呢？
额外的**付出与努力**。

——加里·瑞安·布莱尔
作家、演讲家、教练、顾问

当十六岁的玛丽·雅各布斯答应为家里的一位朋友的家庭聚会担任酒保助理时，她对自己要干什么压根没有概念。事实上，她根本没有任何经验，但她有一个优点：愿意付出额外的努力。

那天晚上，她不仅尽力完成任务，还想方设法做到超出预期。人们在给她介绍客人时，她会仔细聆听每个人的名字。此外她还特别留意人们点了什么饮料。玛丽非常积极主动，并不等人们来找她。她在短暂休息的时候也闲不住，在屋子里走来走去，寻找空杯子和焦躁不安的客人，看看如何让他们的夜晚变得更好。

尽管很多事并不是她的工作职责，她还是为人们拿回了外套，把饮料直接送到客人手中，捡起屋里的垃圾，把空了的零食碗又重新装满。她没有要求更多的钱，也没有期待任何特殊的回报。

聚会进行到深夜，玛丽开始变得疲惫。她一大早就起来练习游泳，但你却看不出来她累，因为她一直在努力微笑，把注意力放在客人身上，而不是自己身上。

当客人们陆续离开时，她叫着每个人的名字说再见。大家对她整个晚上的努力印象深刻，很多人请她给其他派对和活动帮忙。请求多得像洪水一样涌来。而她当晚开始工作时只是一名助理。然而，通过选择积极主动的态度，她创造了一个领导角色，使自己变得有

价值。玛丽说："我没有任何特别的才能。只是想尽可能地提供最好的服务，我发现自己可以通过不同的方式做到这一点。"

四年后的今天，玛丽在她的"总部"（她的大学宿舍）经营着自己的活动策划公司。虽然有几个人为她工作，但她仍然不得不拒绝一些人的请求，因为她们实在太忙了。由于额外努力，许多社区和商业领袖都邀请她帮忙组织聚会。她也由此被介绍给一些非常有权势的人，这些人也在给玛丽物色愿意开出丰厚佣金的大公司的工作。

如果玛丽没有付出额外的努力，谁知道她今天会是什么样子呢？就因为多走了一步，找到了付出更多的方法，并使之成为现实，新的机会就出现在她面前了。

如果你真的想在自己所做的事情上表现出色——我们的意思是在学校、体育、工作或生活中成为一个超级成功者——那么就要做得比要求的更多，做一些别人意料之外的事情。

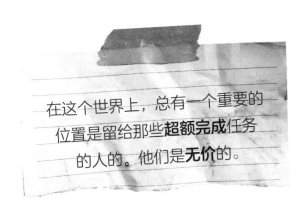

在这个世界上，总有一个重要的位置是留给那些**超额完成任务**的人的。他们是**无价**的。

你会得到什么回报？很多。当你的付出超过预期时，你就更有可能持续获得更好的结果，实现目标，在工作中获得晋升和加薪，以及获得周围人的尊重。这样，在课堂上、在运动队里、在工作场所中、在你的朋友圈中，你更有可能被视为一个有价值的领导者。你也不需要为保住工作而担心。你将是第一个被雇用和最后一个被解雇的。你还会发现，在每天结束的时候，你会感到更加满意。但是，如果你想让所有这些回报开始出现在你的生活中，就必须从现在开始行动起来。

如果只关注自己的需要，你可能会认为付出比预期的多是不公平的。"为什么我应该付出额外的努力而没有额外的补偿或认可？"你得相信所有付出最终都会得到注意，而且这一切都是值得的。总之，你会赢得令人尊敬的声誉，而这是你最宝贵的资源之一。

19.4 为什么 100% 如此重要

为什么我们在每一件事上做到超越期望并付出 100% 的努力是如此重要？因为如果每个人都付出 99.9% 的努力，这意味着：

※ 每天在奥黑尔国际机场有两次不安全的着陆。

※ 每小时丢失 16 000 件邮件。

※ 每年有 114 500 双不匹配的鞋子运出。

※ 每年有 20 000 张错误的药物处方。

✹ 每周有 500 台外科手术出错。

✹ 每天有 50 个新生儿在出生时被医生丢弃。

✹《韦伯斯特词典》中有 315 个词条拼写错误。

✹ 每小时有 22 000 张支票从错误的账户中被扣除。

✹ 每年你的心脏会停止跳动 32 000 次！

现在你知道为什么付出 100% 的努力有多么重要了吗？想一想，如果你对每件事情都百分百投入，你的生活（和世界）会怎样？

要想养成额外付出、超越期望的习惯很简单，试试下面的办法：

✹ 归还所借东西时，物品状态要比你借到手时好。（例如，如果你借了朋友的车，还车时要加满油。）

✹ 向你学校的新生打招呼，让他们感到受欢迎。

（你会惊讶地发现当你承认他们的存在时，他们会非常感激。）

✹ 吃完饭把碗洗干净。

✹ 经常说"请"和"谢谢"。

✹ 说过要给某某打电话就一定打给他。

✹ 在工作中承担新的责任，而不要求更多的报酬或乞求别人的认可；或者主动帮助完成不在你工作范围内的任务。

✹ 在学校、家里或训练时做得比要求的更多，而不期待任何特殊待遇或认可。

✹ 如果有人为你做了一件好事，亲笔写一封感谢信。

✹ 专注于如何给予更多，而不是专注于如何获得更多。

装袋工约翰尼

不要**害怕**为那些看似**微小**的工作付出**努力**。

每**征服一项**工作，你都会变得**更加强大**。

如果把**小事做好**了，**大事**就会**自己解决**了。

——戴尔·卡内基

你所做的一切都会影响到其他人，而且在大多数情况下会被注意到。一个人如果真正努力做到最好，总是会找到办法的。约翰尼，一个患有唐氏综合征的十六岁孩子，能做什么来超越人们的期望呢？很明显，他所做的可比同事们认为的多多了。

约翰尼在一家杂货店做装袋工。为了增加销售额，店里决定举办一次员工培训活动。他们邀请了一位知名且颇受尊敬的演讲人芭芭拉·格兰兹。芭芭拉说每个员工都能创造"客户体验"，他们有能力让这种体验变得积极或消极。

研讨会结束后，约翰尼很兴奋，他觉得自己可以做点什么。但他听到一位同事酸溜溜地说："得了吧，我只是负责结账的……说得好像我做的真有多重要似的。"约翰尼感到茫然不知所措。毕竟，他连柜台收银员都不是，他只是一个装袋工。但与其他员工不同的是，约翰尼仍然努力想办法来改变现状。几天过去了，这个想法从未离开他的脑海。一天早上，约翰尼带着几百张小纸片来到公司。每张纸的标题都是："约翰尼的今日所思。"每个标题下都有一句不同的名言。其中一张纸上写的是：

> 约翰尼今天的想法……
> 永远不要因为往下看而错过彩虹或夕阳。
>
> ——莎拉·琼·帕克

遗憾的是，同事们对他的这个主意并不看好。"你真的认为客户会对我们的想法感兴趣吗？"一位同事感叹道。另一个人补充说："何必呢？这也不是你的工作，而且工作量也不小。"约翰尼说："这确实很重要，因为每句话我都是签了名的。"

有一天，商店经理看到一个结账通道前排满了顾客。他走到顾客面前，告诉他们其他结账通道是开放的，可以换个通道结账，但没有人动。他们都想要"约翰尼的今日所思"，并且愿意排长队等待。其中一个排队等候的人拿着妻子写的购物清单，单子上的最后一项就是"约翰尼的今日所思"。一些顾客特意绕过其他商店，只为在约翰尼工作的超市前停留片刻。这家店的销售额迅速增加。现在其他员工也不得不认可约翰尼的影响力了。他的故事也启发了同事们，凡事额外多做一些，让顾客拥有积极的"客户体验"。

约翰尼不仅增加了销售额，还提高了同事们的士气。因为他告诉同事们，他们的存在是重要的，他们都可以有所作为。

正如芭芭拉·格兰兹所说："当我们真正关注他人的需求，向他们展示我们的关心，并做一些额外的事情给他们带来惊喜时，我们就会有所作为。不管你的工作是什么，你周围发生了多少变化，或者你的老板、老师、朋友或队友在做什么，你总是可以有所作为的。这是你的选择。"

只因自己能力有限就**什么都不做**，
这是所有错误中问题**最大**的一个。
做你**力所能及**的事。

——悉尼·史密斯
作家

没有借口

兴趣和**承诺**之间是有**区别**的。当你**有兴趣**做一件事时，
你只在**方便**的时候才做。当你**致力于**做一件事时，
你不接受任何借口，只看**结果**。

——肯·布兰查德
以领导力为主题的畅销书作家

对不起，这一节的引言部分我们想不出来了。我们实在是太累了，而且现在已经很晚了，电脑也坏了。这不是我们的错！你能想象如果我们真的这样想会怎么样吗？那这本书就不会存在了，这是肯定的！有没有我们不想写作但不得不写的时候？当然有！但我们同时也很清楚：

围绕目标工作要比围绕挑战工作容易得多。

换句话说，想出成千上万个不做什么的理由很容易。谁都能这么做。但要想真正取得点什么成就，就需要毅力、奉献精神和"不找借口"的态度才行。在现实生活中，唯一能阻止我们获得自己真正想要的东西的，是我们为自己想出的不能做什么或不能拥有什么的原因（或"借口"）。就是这么简单。借口会立即限制我们的潜力，因为我们以此证明为什么不尝试或不付出最大努力是可以的。这是非常危险的。

我们找起借口来可以五花八门，但最终结果总是相同的：没有结果，没有回报，没有满足感。大多数人知道自己为什么不够好，不够强壮，不够聪明，不够漂亮，他们对自己的不足一清二楚。所以他们找了一些借口，让自己无法成为那个最好的自己，实现本可以实现的许多目标。

在这本书中，总共有二十条法则可以改变你的生活。但如何使用这些法则并应用于生活，则取决于你。只要存在不应用这些信息的理由，它们对你来说就没用。价值是有的，但借口也是存在的。如果你想赢，就必须不允许借口阻碍你取得成功。

我们永远不会忘记遇到凯尔·梅纳德的那一天。现年二十二岁的凯尔患有一种罕见的疾病——先天性截肢。这种病使他只有三个主要关节：脖子和两个肩膀。他的手臂只长到肘部之前，而他的腿也只发育了一部分（只有六英寸长）。如果他对自己的生活感到沮丧和受挫，这很容易理解。但凯尔没有。从很小的时候起，他就决心要学习如何用自己的方式在这个世界上生活。实际上，凯尔从未将自己的身体差异视为一种限制。他总是忙着关注自己能做什么，而不是他不能做什么。

十几岁的时候，凯尔想参加体育运动，但人们认为以凯尔的身体条件是不可能的，所以不知道该不该支持他的这个想法。当然他们也没有意识到凯尔的决心有多大。

十一岁时，他参加了足球队的试训。同时他还学会了游泳、打曲棍球和摔跤，而且做得还不错。

尽管站起来只有一米左右，但凯尔的内心是一位巨人。因为他不愿意将就，凡事都要尽自己所能。他对自己的要求超过了别人的期望，这也是为什么他能取得别人没想到的成就。凯尔的例子说明，如果我们把借口从生活中剔除，并且在做每一件事时都全力以赴，一切皆有可能。不要找任何借口。

青少年时期，凯尔让每个有机会见到他的人都深受启发与鼓舞，因此他得到了一个出书的机会。他的书很快成为全国畅销书。书名是什么？你猜对了，就是《没有借口》。他还出现在全国各地的电视和广播节目中。"但这来得并不容易。"凯尔说，"我不得不做出很多牺牲，挑战自己的极限。如果我没有这样做，就肯定不会有今天。我们总是有不做某些事情的理由，而且也有很多人告诉我，什么事我做不了。但我选择消除所有的借口，甚至包括其他人给我的那些借口。我知道，唯一能阻碍我的人是我自己，而我不允许这种情况发生！"

即使没有手肘、手掌和手指，凯尔用手臂上的残根握笔，也写出了无可挑剔的字。信不信由你，他还能每分钟打四十个字！凯尔不仅是一个成绩优异的学生，更令人佩服的是，高三时他成为了佐治亚州的顶级摔跤手之一。凯尔还保持着他所在年龄组的世界举重记录。作为华盛顿演

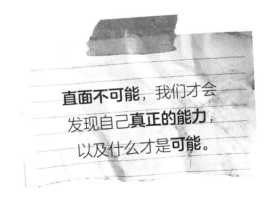

直面不可能，我们才会发现自己真正的能力，以及什么才是可能。

讲团的重要成员，他获得了数千美元，让他得以在全国各地旅行和演讲。这种将挑战转化为更多机会的方式还不错吧！

借口给了我们一个在困难时期退缩的简单方法。而我们越轻易让自己放弃，就越难成功。然而如果从一开始就消除借口，我们就会立即提升意愿坚持下去，获得想要的东西。

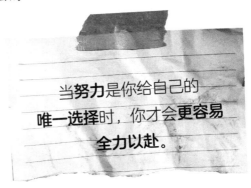

当**努力**是你给自己的唯一选择时，你才会**更容易全力以赴**。

如果凯尔在患有严重疾病、身体处于巨大劣势的情况下都能够做到这一切，那么你就应该问问自己："是什么阻碍了我创造真正想要的生活？"记住，你也可以成就非凡。问题是，你是否愿意消除借口，使之成为现实。凯尔做到了，你愿意吗？

(19.7) "毫无例外规则"

那些不断实现自己愿望的成功人士遵循"毫无例外规则"。当需要交付的时候，他们会百分之百地投入某件事，不允许有例外。板上钉钉的事，没得商量。就是这样！结束。

例如，如果我们（肯特和杰克）承诺要写一本书，那就是要写一本书——我们知道自己要做这件事。不管发生什么，我们都得不惜一切代价，坚持不懈，不辜负我们的承诺。这样做最好的一点就在于我们不必再考虑这个问题。一旦做出承诺，就必须贯彻执行，没有例外。我们不给自己退缩的选择。因此，我们从来没有为是否应该开始或完成某件事而举棋不定过。

当你对某件事情作出百分之百的承诺时，无论在什么情况下都不能有例外。没有其他的可能性。你也不必再为这个决定而纠结，因为决定已经做完了。

如果你百分之百地承诺要每天做作业，那就无论如何都要这么做。只管去做就行了。无论你运动的时间比预期的长了，还是朋友们邀请你参加聚会了，或者因为夏令时让你损失了一个小时，都没有关系。不管怎样，只要想办法把作业完成就行，哪怕就是你单纯地不想做但最后还是做完了。就像睡觉前刷牙一样。不管什么情况，你总是要刷牙的。如果哪天你发现自己已经躺在床上却忘了刷牙，那就下床去刷。不管你有多累，也不管多晚，去刷就好了。

我们的朋友希德·西蒙在遵循"毫无例外规则"这一点上让人有点难以置信。他也带给我们诸多启发。希德是一位成功的演讲人、培训师、畅销书作家、诗人，也是马萨诸塞大学一名备受敬仰的教师。在他的一生中，最重要的事就是健康和健身。现在已经七十九岁的他仍然有规律地骑行、服用保健品、吃健康食品，哦，还有，每个月允许自己吃一碗冰激凌——只有满月那天才可以。

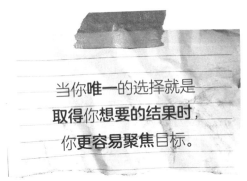

当你**唯一**的选择就是**取得**你想要的结果时，你**更容易聚焦**目标。

七十五岁生日那天，希德的家人、密友、他以前的学生和其他崇拜者等一百多人从全国各地赶来为他庆生。饭后甜点有生日蛋糕和冰激凌，但有一个问题，那天不是满月的日子。知道这一点后，他的几个朋友把自己打扮成月亮女神，拿着一个用纸板和铝箔做成的巨大满月走进房间。他们为希德准备了一个虚拟的满月！

但即使朋友们想出这么有创意的点子来劝说他，希德还是坚持自己的承诺，拒绝了冰激凌。他知道如果这次违背了自己的承诺，下次有人再让他吃冰激凌时，他就会更容易违背承诺。这就是让他更合理、更正当、更有借口地违背自己的承诺。希德知道，百分之百的承诺实际上更容易遵守。他不愿意屈服，也不愿意因为别人同意了就放弃多年来的成功。这就是常说的自律吧！

19.8 抛弃平庸

成功者的**习惯**都是从那些**不成功**的人
不愿意做的事情中养成的。

——佚名

要想获得成功可以有很多种不同的方式，但我们相信这一切都始于一个简单的决定。你必须做出这样的决定：除非你能做到最好，否则你不会满足。所以你要抛弃平庸。我们说的是完全抛弃平庸，那种抛又抛不彻底，将就于差不多的做法连想都不要想。我们之前说过一次，现在还要说一次：对自己的要求要超过别人的期望。

提示：提高你的标准。这听起来可能很简单，但你为自己设定的标准与你为了得到某个特定结果而愿意尝试和忍受的事情有很大关系。我们来具体解释一下。

什么是"标准"？问得好。"标准"是衡量为必须达到的目标而让自己感觉已经尽力的那个度。你愿意为之感到满足的也往往是你能达到的成就。换句话说，很少有人能超过其所设定的目标或获得超出个人期望或标准的成就。

如果我们降低标准，我们就会立即限制自己的潜力，降低我们可以体验到的幸福水平，同时欺骗世界上的其他人，因为我们本可以有更多更好的东西可以与他们分享。这就是为什么我们得要求自己做到最好。

你为自己设定的标准与你为了获得某一特定结果而愿意尝试和忍受的事情有很大的关系。不要满足于较低的标准，要满足于追求更多。当然，说起来容

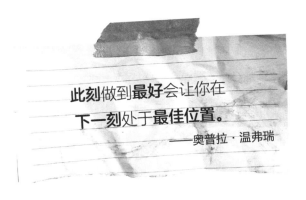

此刻做到**最好**会让你在下一刻处于**最佳位置**。
——奥普拉·温弗瑞

易做起来难，但你的生活质量就在你手中。如果你不对自己负责，没人能对你负责。

说了这么多，结论到底是什么呢？超越期望能帮我们出类拔萃，从自己身上得到更多，从生活中得到更多。成功的人只是做得更多而已。结果他们不仅上升到顶峰（而且往往赚更多的钱），还经历了个人的转变，变得更自信、更有自尊，完成了更多事，并且取得了比他们想象的还要多的成就。这些"副作用"也不错，是吧？

我的待办事项清单

☑ 要认识到，让我做到最好，体验最好，并成为最好的自己的方法是持续不断地付出最大的努力。

☑ 重新定义"酷"的含义，要知道，我们所仰望和钦佩的人往往都有付出最大努力的特点。

☑ 要知道，超越期望和多做一些事情会立即让我成为一个更有价值的人。

☑ 要认识到，99.9% 的努力和 100% 的承诺之间有很大的区别。任何低于我最好水平的事情都是不可以的。

☑ 寻找方法付出更多。因为总有一些方法可以让我超额完成任务，并有所作为。

☑ 在生活中应用"毫无例外规则"，以便我能全心贯彻自己的承诺、许诺和个人目标。

☑ 抛弃平庸，提高标准，对自己的要求要超过别人的期望。

☑ 尽我所能，成为最好的自己！

法则 20

现在开始放手去做！

原地**等待**的人**也许会有所收获**，但收获的都是那些努力的人**剩下的东西**。

——阿布拉罕·林肯
美国第十六任总统

三只青蛙在河边的木头上漂流。其中一只决定跳进河里。木头上还剩下几只青蛙？

大多数人回答"两只"，但这不是正确的答案。实际木头上还有三只青蛙。为什么呢？因为决定跳下去和跳下去是两件完全不同的事情。全世界有很多人都决定要取得优异的成绩，从大学毕业，得到梦想的工作，赚大钱。但他们并没有做任何事情来实现这些。

这意味着即使是最好的计划，加上积极向上的意图，也不足以让你获得你想要的生活。你必须采取行动，做点什么让自己更接近目标。到了动真格的时候，重要的是你做了什么，而不是你说要做什么。怀揣远大理想，志向深远，且有良好意图的人有很多。但为什么很少有人能获得非凡的生活？因为光有希望和梦想是不够的。要想实现目标，达成所愿，充分发挥我们的潜力，归根到底要向前迈出一步，把计划落实到行动上。换句话说，我们得从木头上跳下去，才能获得真正想要的结果。

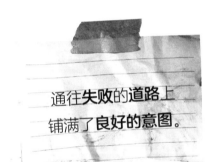

通往**失败**的道路上铺满了**良好的意图**。

20.1 踏出勇敢的一步

生活中的任何事情，如果你想要**完成**，
就**不能**只是**坐在那儿希望**它发生。

你必须做点什么来让它发生。

——卡克·诺里斯

演员

令人惊讶的是，有多少人因为过度分析、过度计划和过度组织把自己粘在本垒上。而他们真正需要做的是采取行动。

肯特：我最近给一群主修商科的大学生做了一次演讲。一位学生向我寻求建议。他大约二十七岁。该学生描述了他是如何规划自己的商业计划书的……足足花了八年之久！很明显，他关注的是如何完善自己的计划。趁他还没完全迷失在所有的细节中，我礼貌地问道："你的想法很好，但你的计划里什么地方写'采取行动'了吗？"

他面无表情地看着我，没有回答。然后我问他："到底什么时候才是那个开始的好时机'现在'呢？"他笑了，他明白了我的意思。问题是他花了这么长时间过度分析所有的细枝末节，导致他自己都不知该如何是好。他很迷茫，总想做一个万无一失的计划，没准备好当然就会害怕开始行动。

可事实是，如果不采取行动就什么都不会发生。你还记得第 15 条法则"利用反馈快速前进"中火箭的例子吗？我们很容易在发射台上花费数年时间，试图使火箭的轨迹恰到好处。但有时我们只需要"起飞"，行动起来，然后就可以在得到反馈的过程中调整路线。只有先动起来才能前进。

一旦开始，各种有用的东西就都被激活了。你会得到有价值的反馈，学习新的技能，获得经验，向周围的人表明你对实现目标是认真的。因此，人们也会回过神来，开始关注你。那些曾经令人困惑的事情将慢慢变得清晰。看似困难的事情也会变得容易。你会开始吸引其他支持并鼓励你的人。

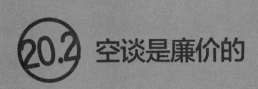

20.2 空谈是廉价的

在**要做未做**的事情上**无法建立声誉**。

——亨利·福特

多年来，在与许多人共事并研究分析他们的情况之后，杰克和我一致认为，有一件事似乎比其他任何事都更能将赢家和输家区分开来：赢家采取行动。他们只是起身做了必须做的事情。一旦制订了计划，他们就行动了起来。即使开始得并不完美，他们也会从错误中学习，进行修正，继续采取行动，直到最终获得他们想要的结果。请看这句古老的谚语：

今天的好计划胜过明天的完美计划。

如果把这句话扩展开来，我们会加上："而且真的没有所谓的'完美计划'。"世界总是在变化，因此我们的技能也要随之改变。所以尽管开始就行了，你可以在前进的过程中调整方法。

我们这本书中涵盖了很多内容：如何创建愿景、设定目标、预测障碍、相信自己、坚持不懈，以及想象和肯定你的成功。现在是时候把这一切付诸行动了。找一个导师，写下你的目标，并每天阅读它们。然后填写并提交你心仪的大学申请，开始你要做的储蓄计划，邀请那个特别的人出去约会，或者预订你一直想去的欧洲之行！

只有先做起来，生活才会变得更好。

> 如果你在**需要**的时候**做了**应该做的事，
> 那么有一天你也可以在**想做**什么事的时候**随心去做**。

——金克拉
励志演讲人、作家

20.3 回报是给行动派的

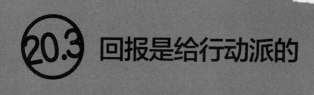

想要二十美元？"我们一边问观众这个问题，一边举起一张二十美元的钞票。不出所料，大多数人都举起了手。有些人使劲地来回挥手；有些人甚至大声喊道"我想要！"但我们只是平静地站在那里举着钞票，等着看是否有人采取行动。最终，有人从座位上一跃而起，冲了过来，从我们手中拿走了钞票。

在这个人坐下后——现在她的努力让她赚了二十美元——我们问观众："这个人做了什么房间里其他人没有做的事情？是的，她起身采取了行动。她做了要拿到钱必须做的事。如果你想在生活中取得成功，这也正是你必须做的。必须采取行动，而且一般来说越早越好。"

我们的下一个问题是："你们有多少人想过站起来拿钱但却阻止了自己？"一只只手举了起来。然后我们问："你们是怎么阻止自己起身的？"一般常见的答案有：

※ "我不想让人觉得我很想要或很需要它。"
※ "我不确定你是否真的会给我。"
※ "我在房间的后面，太远了。"
※ "我不想看起来很贪婪。"
※ "我担心自己可能会做错什么，其他人会评判我或嘲笑我。"
※ "我在等待更多的指示。"

然后我们解释说，这些通常也是阻止他们在生活中其他方面有所作为的原因。就是这些相同的答案！一个普遍的真理认为："一个人做某件事的方式也是他做所有事的方式。"如果你对离开座位去拿钱持谨慎态度，那么很可能你在生活的其他方面也会同样阻碍自己。为了获得真正想要的生活，必须识别出这些模式并突破它们。现在是时候停止阻碍自己了。做一个"行动派"，做起来吧。

20.4 让焦躁走开

过度计划和过多谈论会让大多数成功人士感到焦躁不安。他们渴望开始，参与到行动中去。

奥蒂斯·克里格尔就是一个很好的例子。大学新生的奥蒂斯带着新女友回家过暑假。俩人都想在暑假期间找一份工作。奥蒂斯拿起电话，四处打听询问，看看谁可能需要人手，而他的女朋友则花了一周的时间一遍遍改写自己的简历。在这件事上，奥蒂斯的思路就是先行动起来。他觉得如果有人要求提供简历，到时候再弄也来得及。事实证明，女友还没写完简历，奥蒂斯就已经找到了一份工作。所以计划的确有用，但我们也得用正确的眼光来看待它。

规划确实重要，但如果**不采取行动**，最后你手里剩下的还是**刚开始拥有的**那些东西。

是的，上面的标题你没看错。你心里想的肯定是，"准备……瞄准……射击"，对吗？但问题是有太多的人一辈子都在瞄准目标，却从未射击。是的，这是个大问题！记住这句老话："没开枪就意味着百分之百没中。如果你从未开枪，那么无论你瞄准的时间有多长，瞄准器有多精准都不重要了。"

打中目标最快的方法就是开枪，看看子弹落点，调整目标，再次射击。不断开火，不断重新调整，直到击中目标。很快你就会击中靶心。这条规则也适用于靶场外。

肯特：当我和我的兄弟凯尔写下《学校里应该教的"酷东西"》时，我们就知道自己要在大庭广众面前演讲。坦率地说，我们很害怕！但我们还是面对现实，立即报名参加了马克·维克多·汉森的演讲研讨会。我们一心想要学习如何在公开场合讲话。虽然我们是这次活动中最年轻的演讲者，但也开始结交了新朋友。其中一个是马特，他也想学习如何成为一个公共演讲人。

周末活动结束时，我们三个人都很想进行"下一步"。星期一，凯尔和我打电话给国际演讲会（一个非营利性、向公众开放的组织，其成员每周聚会一次，发表演讲，并互相给予有价值的反馈。），报名加入了我们所在地区的一个俱乐部。星期二，我们参加了演讲会的第一次会议，并做了第一次演讲。过程令我们很尴尬，也很不舒服，但是我们趁着周末建立起来的势头，就这样开始了。两周后，凯尔和我被邀请到当地一所高中做第一次公开演讲。尽管我们感到害怕，又不确定自己是否能做好，我们还是同意发表演讲——这是我们能做的最好的事情。

而马特则决定回家安顿下来，在网上搜集资料，研究专业演讲这一领域，同时向其他人请教更多关于公开演讲的问题。近三个月后，我们发现马特只做了一次演讲。

然后他决定重新拿起"绘图板"，继续研究如何能让自己变得更好。

当然，凯尔和我本可以坐下来，一本又一本地读关于如何成为伟大的演讲人的书。但如果我们采取这种方法，现在我们肯定还在读书呢！我们知道经验往往是最好的老师。因此，我们没有做更多的研究，或者规划演讲生涯，而是直接开始培养演讲所需要的技能和积累经验。如今马特对所有演讲方面最好的书和资源都了如指掌，但是他缺乏实践经验，无法成为一名专业的演讲人。凯尔和我采取了相反的方法。在一年半的时间里，我们随时随地免费演讲，只是为了让自己能够学习和提高。现在，我们每次演讲都能得到数千美元，而且（是的！）我们可以在全国各地旅行。但所有这些的前提是我们要有勇气和信心跳下木头，而这是我们都能做到的事情。

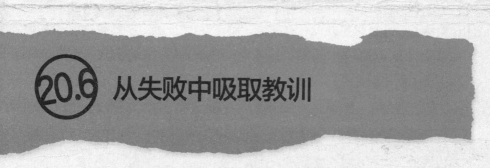

20.6 从失败中吸取教训

永远不要害怕做**没做过的**事情。
请记住，**业余爱好者**建造了**诺亚方舟**；
而**专业人士**建造了**泰坦尼克号**。

——佚名

使顶级选手也不是每次都能达到目标，但尽管有可能失败，他们还是愿意采取行动。成功人士知道失败只是奋斗过程中的一个重要部分，是一种学习的方式，也是尝试不同方法的机会。我们不仅应该停止对失败的恐惧，而且应该愿意失败，甚至热衷于失败。这种有用的失败我们称之为"前进的失败"。每一次经历都会帮我们积累更多有价值的信息，让我们在"下一次"时使用。

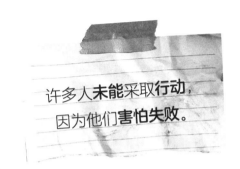

许多人未能采取行动，因为他们害怕失败。

我们最喜欢的故事之一是关于一个著名科学家的，他取得了几个非常重要的医学突破。在接受报纸记者的采访时，他被问到为什么自己能够取得比一般人多得多的成就。换句话说，是什么让他与众不同？这个人不慌不忙地回答说，一切都归功于母亲在他两岁时给他上的一课。有一天他想从冰箱里拿一瓶牛奶，但没拿住，一不小心把牛奶洒了一地。母亲并没有责备他，而是说："你洒得多好啊！我还没见过这么大一摊牛奶。好了，既然牛奶已经洒了，在我们清理之前，你想去牛奶里玩玩吗？"答案可想而知。

几分钟后，他的母亲继续说："你也知道，每次闯了祸，我们都得自己收拾干净。所以现在你想怎么收拾这摊牛奶？可以用毛巾、海绵或拖把。你喜欢哪个？"

清理完牛奶后，母亲说："刚才的事是一个失败的实验，我们体验了如何用两只小手拿一大瓶牛奶。现在咱们去后院吧，用瓶子装满水，看看你能不能发现有什么办法能拿动瓶子而不掉在地上。"他们做到了。

多么奇妙的一课啊！这位科学家随后解释说，从那一刻起他知道，不必害怕犯错。错误是学习新东西的机会——毕竟，科学实验的目的就在于此。那瓶打翻的牛奶带他踏上了一生的学习之路。这些经验正是他一生卓越成就的基石。

唯一不犯错的人
是从来不做任何事情的人。

——西奥多·罗斯福
美国第二十六任总统

诚然，我们都会有失败的时候，那为什么不充分利用失败，从失败中吸取经验教训以便下一次做得更好呢？失败本身并不一定是一场痛苦的灾难。它也可以是一种有趣、好玩的体验，如果你这么选择的话。而只有采取行动我们才能够学习、创造和体验生活给予我们的最好的一面。

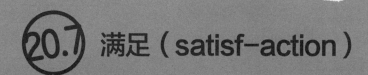

20.7 满足（satisf-action）

你有没有注意到，英文"satisfaction"（满足）这个词的最后六个字母是"a-c-t-i-o-n"（行动）？在拉丁语中，"satis"这个词的意思是"足够"。古罗马人十分清楚，只有足够的行动才会最终会产生"满足"。如果你还想深入一点，可以了解一下根词 facere，它的意识是"制造"——所以才有"factory"（工厂）这个词（一个制造物品的地方）。所以满足（satisfaction）也可以理解成源于"改变"——这也只能通过行动来实现。这么解释挺酷吧？

尽管人们表面上看起来各不相同，但内心深入追求的都一样：幸福、爱、尊重，以及知道自己创造了有价值、有意义的生活而获得的满足感。其实这是很简单的心理学——这些是我们共同的需求。那些既成功又对生活感到满意的人也是那些不断学习、不断尝试、实践和改进的人。科学已经证明了这一点。大卫·尼文在他的《成功人士的100个秘密》一书中提到了一项研究，该研究显示："那些没有感觉到自己正朝着目标迈进的人，他们放弃的可能性要增加五倍，对生活不满意的机会也会增加三倍。"

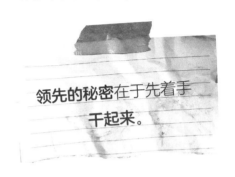

领先的秘密在于先着手干起来。

我们得让自己感觉到一直在进步，而进步是通过采取行动得到的。为了充分体验这些成功法则在你生活中创造的惊人结果，你必须采取相应行动，利用这些信息。

采取行动的最大好处之一就是你可以用你所拥有的知识来创造自己想要的生活，这是非常有意义的。另外要记住，所有这些事不必在一天内完成，但你确实需要每天做一点儿，才能更接近自己真正想达到的目标。最终这些每日所做的零零碎碎都会聚沙成塔，带你走向成功的彼岸。

知道该做什么是一回事，
但**利用你知道的东西**就是另一回事了。

现在是时候放弃等待……完美的环境、灵感大爆发、有人改变、允许、正确的人出现、下个星期、一位新老师、一个新学校、这个令人不安的恐惧消失、一套明确的指示、更多的自信心……了。

我们所说的"是时候"就是"现在"。如果你将这些法则应用于生活中，并每天使用，你就会注意到不同。想要证明吗？看看我们的生活就知道了。我们两个人——无论是杰克还是肯特——都没有天生的超凡能力，但通过研究这些成功法则，坚持不懈地运用所学到的东西，我们完成了自己连想都没想过的事情。我们肯定不是"特例"。每个人都有能力做这样不可思议的事情。问题是，你是否相信自己，会不会设定目标，采取行动，坚持不懈地获得你真正想要的结果？你的潜力正在等待，这正是你使用它的机会。你会迈出这勇敢的一步吗？选择权在你手中。

你能**预测未来**的最佳方法
就是亲手**创造**它。

——史蒂芬·柯维
畅销书作家、演讲人

我的待办事项清单

☑ 要明白，即使是最好的计划加上积极的意图也不足以让我获得我想要的生活。我必须采取行动并做点儿什么，才能更接近我的目标。

☑ 要认识到，决定做某事和采取行动是两件不同的事情。

☑ 立即采取行动，因为我会从中得到宝贵的反馈，学习新技能，并获得经验。这会帮我继续向目标迈进。

☑ 要意识到，当我迈出第一步并开始行动时，就会开始吸引那些支持和鼓励我的人。

☑ 要有计划、有准备，但要谨慎对待完美，因为完美的计划并不存在。

☑ 知道计划很重要，但如果不采取行动，那我除了刚开始手里拥有的之外，别的什么也不会得到。

☑ 找出以前那些阻止我采取行动的模式，并突破它们。

☑ 总是准备好"先开火"……要采取行动，因为行动以后如果有必要，我可以重新调整目标并再次开火。

☑ 不要让对失败的恐惧阻止我采取行动，因为无论发生什么，我都会学到新的、有价值的东西。

☑ 要知道，那些对生活最满意的人也是那些不断学习、不断尝试、实践和改进的人。

☑ 今天就开始在生活中应用成功法则吧！

结论

我们
给你的
挑战

没有人能**阻止**你**选择**成为**独一无二**的自己。

——马克·桑伯恩
国际知名作家、演讲家、企业家

终于到了……最后一章。你成功了！你不是直接翻到最后的吧？如果每一条法则你都认真读了，那么我们祝贺你。因为这说明你不是一个对获得更好生活感兴趣的"空谈者"。不，你不是。你是一个"实干家"，那种真正采取行动并坚持到底的人。这是一个非常有价值的技能！

世界上有很多人会说他们要做非同凡响的事，比如获得优异成绩、跑马拉松、学弹吉他、攀登乞力马扎罗山、写书等等。但很少有人真正设定目标并使之成为现实。

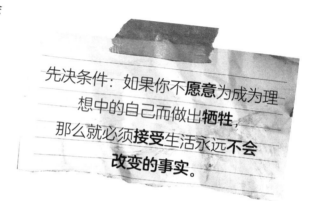

因此，很少有人能真正得到这样的成就。而这并不是因为他们缺乏能力，往往是因为他们没有百分之百地努力。但你不是这样的人，因为你承诺过要读完这本书，而且你坚持了下来！向你表示敬意！如果你已经读到这里，那说明你就不是那种愿意接受任何不尽如人意的事情的人，对吗？（不需要回答……）因此你在接受我们的挑战时就不会有任何困难。

从现在开始

我们说过成功是一门科学——如果你遵循成功人士的法则并尝试他们的习惯，你就会得到积极的结果。有一些普遍的法则适用于每个人，无论你是谁，来自哪里，住在哪里，或者你想完成什么。当涉及梦想的生活时，这些法则都是一样的。而最重要的是现在你已经知道了这其中的很多法则具体是什么！本书中的相同信息已经帮助成千上万的人创造了超乎他们想象的梦想生活，但他们都有一个共同点：他们按照自己知道的东西行事。仅仅知道而不做是不够的。

如果你是青少年或年轻的成年人，现在是最好的时机。要充分利用自己年轻的优势，取得先机。太多的人推迟实现自己的梦想，只为等待足够的教育、灵感、经验、金钱，诸如此类。可实际上，所有需要的资源你都已经拥有，今天就开始创造你想

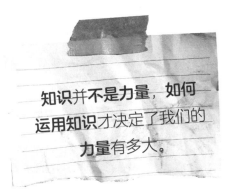

知识并不是力量，如何运用知识才决定了我们的力量有多大。

要的生活吧！与其把年轻看成一种劣势或经验的缺乏，不如把它看成一个取得成功、向他人学习以及最重要的——敢于冒险的机会。现在是有史以来最适合做年轻人的时代，因为有这么多的机会。但你必须去寻找这些机会，愿意冒风险，迎难而上。但这也恰恰是我们学习的方式。

卡梅隆·约翰逊九岁时用家里的电脑开始了他的第一次创业——制作贺卡。今天，二十二岁的他已经开创了十二个超级成功的生意，让他有资本可以自由地彻底退休（但他并没有这样做）。他写了两本书，其中包括《由你发号施令》。在一次采访中，卡梅伦告诉我们："十五岁时我冒了很大的风险，又创办了一家公司。我知道这没什么，因为我不需要付房租，也不需要赚钱养家。对于一个十几岁的孩子，没有什么可失去的。尽管经验不足，但是我愿意尽我所能地学习。不是所有的事情都能成功。但一旦成功，就会得到真正的回报。十五岁的时候，我的公司每天有超过一万五千美元的销售额。"

有趣的是，卡梅伦是第一个告诉你他并不是更好、更聪明或更有才华的人。"我和其他人没有什么不同，"他说，"我只是对任何没有充分发挥自己能力的事不愿意将就。"

不要非得等到时机完美才决定开始实施对你很重要的项目和目标。时机永远不会"恰到好处"。卡梅伦九岁创业，那时他有学位和丰富的商业经验吗？没有！但他还是采取了行动。如果你感到有什么东西在召唤你采取行动，那就先做起来，试一试。从你所处的位置开始，你采取的行动越多，下次再开始时就会变得越容易。

不要拖延，不要非得等到有十二只鸽子飞过房顶，呈十字架形状排列时才开始。你真的需要一个标志来告诉你是时候开始了吗？只要开始就行了，不需要十二只鸽子！如果你想成为一名专业厨师，那就报名参加课程。如果你想写一本书，掸掸电脑上的灰尘，今天就开始。如果你想成为一个更好的公共演讲人，那么就在你的学校、图书馆或当地青年团体安排一次免费讲座，或者报名参加国际演讲会。但不要只是等待！设定一个固定的日期会让你有一定的压力，做必要的准备并开始行动。你不需要知道所有的事才能开始。只要进入游戏就可以了。你会在实践中学习。

不要误会我们的意思。我们相信教育、培训和技能培养的重要性。如果你需要更多的培训，那就去接受培训，但不要等到你"完全准备好了"。你永远不会准备好。生活中大部分情况都是边做边学。有些最重要的事情可以在做的过程中学习并完成。当你做某件事时会得到反馈，了解哪些事情可行，哪些事情不可行。但如果因为害怕做错、做得不好或做得糟糕就什么都不做，那你就永远不会得到你所需要的反馈，也无法改进并最终取得成功。

一件事要想做起来办法有很多，但没有人可以强迫你追逐梦想。一切都取决于你，别人说了不算。而且你的梦想你不去追，还会有谁去追呢？

⭐ **预见意外**

这 本书中的信息足以让你开启创造非凡生活之路。这条路会很容易吗？不，不一定，但是也没有人说过成功会来得容易。在生活中，看到最好的东西并期望得到最好的东西是极其重要的。但我们也必须为未来不可避免和意想不到的挑战做好准备。如果我们没有准备好，就可能措手不及，从高高在上的马背上摔下来，不敢再重新站起来。如果真发生这种情况，我们也不会再去追逐梦想了！

实现目标最重要的关键之一是相信自己的能力——即使在没有人相信你的情况下自己也要相信自己！现实生活中不是每个人都会支持你去追求目标、让生活成为一次令人兴奋的冒险。有些人悲观、消极，而其他人只是试图保护你，不想让你失望。但不管是什么原因，不要允许任何人让你觉得自己不值得成功。总会有一些人挑战你的承诺。但如果你研究那些最成功的人，你就会发现，尽管有反对者，他们还是坚持自己的梦想。

这也是为什么我们说反馈极为宝贵的原因。不管你是想继续做下去，还是换一种方式，或者你得到某种信号（不，不一定是鸽子）尝试一些完全新的东西，有了反馈你就能了解到怎么做有用，怎么做没用。然而请记住，并不是你做的每一次尝试都会成功。不过那又怎样呢！我们（肯特和杰克）奉行的哲学是：

期待**最好**的结果，但要**准备**迎接**最坏**的情况。

奋斗的路上会有摩擦和颠簸，但我们都会经历这些，即使是成就最高的人也不能避免。通往成功之路并不总是一帆风顺的，但这也没有关系。

如果你被撞出了路，就重新上路。如果你跌倒了九次，那就爬起来十次。关键是我们在遭到撞击时不要停下来。飞机起飞时，飞行员并不希望空气变得更稀薄，好让摩擦力减少。相反，他们已经准备好了迎接阻力和湍流。科学表明，飞机的速度越快，产生的摩擦力就越大。但工程师们并没有因此抱怨，减缓速度。他们接受了这一事实并研发了马力更大的发动机。你呢？你也会更加努力去突破这些障碍吗？我们当然希望如此。

掌握需要时间

只有你才能决定使用这些法则并坚持下去——而且你做得越多，就越容易做到。但你也要明白，掌握任何技能或方法都需要时间。真正的成功不会在一夜之间发生。有人会说："这些法则我已经试了一星期了，怎么还没达成我的目标？"每次听到这些我们总是很惊讶。那么，你会不会去健身房锻炼一个星期，然后就期待自己往后余生能一直保持健康、强壮？当然不会！既然这样，那为什么在使用这些法则时期望立即见效呢？

这二十条法则不要只用了几次，就指望你的整个生活能按计划有条不紊地进行。学习掌握一些技能并熟练应用需要时间。有些人从未取得任何成就，因为他们总是在寻找"快速解决"的方法（往往只是当时最容易的选择）。结果他们只能继续在生活中东一榔头西一棒

槌，直到有一天意识到自己从来没有在任何事情上坚持足够长的时间，也就没有办法完全掌握并获得成功。这种感觉并不好。

肯特：最近我在大熊山（位于加利福尼亚州）滑雪时，听到两个大约十六岁的小伙子在谈论一个年轻的职业滑雪板运动员。"真不敢相信他只有十六岁！"他的朋友点头表示同意，然后补充道："嗯，他和我

结论：我们给你的挑战

们一样大。我们怎么就没有他那么棒呢？我们太烂了。"我简直不敢相信自己的耳朵！

大多数人没有意识到，这些超级成功的专业人士，他们中有许多人（无论他们在哪个领域有所建树，比如体育、学术、商业、音乐等）都是在非常非常年轻的时候就开始准备了。没有人能够在一夜之间成为专业人士。

但那些真正遵循梦想并最终成功的人总是知道他们为什么而做。他们把目光放在最终结果上，并一直保持积极性。想想学习开车的过程吧。一开始真的很让人沮丧，因为有太多的东西需要思考、学习。但是你希望掌握汽车驾驶技能的动力也真的很大，因为你想获得自由，想开车去你想去的地方。

就像开车一样，我们在生活中尝试任何新的事情，往往都有一个不顺手、别扭的阶段。因此要设定目标，激励我们通过各种挑战，这一点很重要。当对结果感到兴奋时，我们就更愿意花足够长的时间工作，来发展、掌握我们所需要的技能和能力，以取得更大的成就。

最重要的是，我们致力于不断成长并提升自己。这一过程在我们最初采取行动时就开始了。一切都始于鼓起勇气迈出那一步。在我们感到恐惧、怀疑时，有一句话一直激励并帮助我们采取行动。

你**不一定**非要有**多优秀才能开始。**
但你**必须开始去变得优秀**。

——莱斯·布朗
演讲人、作家

我们的挑战

我们的目标是为你提供必要的工具和信息，帮助你过上最理想的生活。这本书有很多信息。如果不稍加整理，可能会让人有点不知所措。因此，接下来你应该这样做：

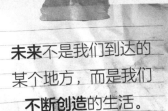

未来不是我们到达的某个地方，而是我们**不断创造**的生活。

1. **回顾书中每一部分内容，仔细研读每条法则。再读一遍，** 标注重点，并记下你认为最重要的内容。

2. **开始行动，将每条法则应用到你的日常生活中。** 每天专注于一个法则更有效。写下目标，花些时间想象一下目标达成的情景，使用肯定的语言，找一个导师，寻求帮助和协助，充分利用反馈意见，努力超额完成任务，尽量坚持做到最好，等等。你肯定有能力做到这些。现在的问题不是你能不能做，而是会不会这么做？

3. **每周安排一些时间来回顾进展。** 也许你应该写一本成功日记，记录每天的经历。（不要笑，等到五年、十年、二十年后，当你真正实现梦想时，再看曾经的日记，你会觉得很有意思。一边回首往事，一边与朋友和家人分享奋斗的经验和智慧。）

有些人可能在想："哈！谁真的会这样做？"这些步骤听起来可能很老套，但如果它们不起作用，我们就不会在书里写这些。你已经承诺要读这本书，难道你不希望从已经投入的时间和精力中获得最大的收益吗？难道你会去找医生开处方，然后不吃药？这么做也没有任何意义啊！现在就是你加倍努力、创造梦想生活的机会了。你会站出来迎接挑战吗？

今天是你**余生**的**第一天**。

——佚名

⭐ 梦想成真

比胜利的意志**更强大的**
是**开始的勇气**。

——佚名

请

记住这句话：如果你有效运用这些法则，这些法则总是有效的。阅读这本书最重要的一点就是运用你所学到的。这个世界并不关心你知道什么；它只关心你做了什么。决定我们成功与否的是如何利用我们的知识。知识只有运用

起来才能称其为知识，否则什么都不算。所有所谓的"成功秘诀"，除非你把它们运用到生活中，否则都不会起作用。

好吧，我们已经尽了最大努力提供你所需要的法则和工具，希望你所有的梦想都能成真。这些法则和工具对于我们自己和无数青少年都是有效的，所以对你来说也应该有效。但信息、动力和启发再多也该告一段落了，勤奋和汗水（你的汗水）即将登场。你，只有你自己，才能创造你想要的生活。既有天赋又有资源，现在你就可以开始了。我们知道你能做到。你也知道你能做到……所以现在就去做吧！就像亨利·詹姆斯曾经说过的那样：

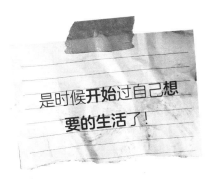

是时候开始过自己想要的生活了！